智能优化算法

基于生物行为模型的案例分析与设计

刘洋 编著

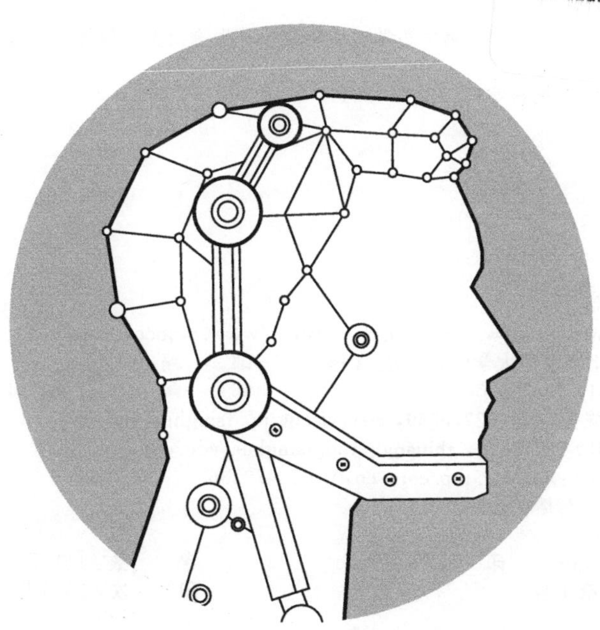

清華大學出版社
北京

内容简介

本书是一部系统论述基于生物行为模型的智能优化算法案例与实现的著作。全书共分为6章：第1章介绍生物启发式计算的研究背景，对传统生物启发式计算方法进行了概述；第2章介绍将层次型信息交流拓扑结构引入人工蜂群觅食模型中的内容，提出基于层次型信息交流机制的多蜂群协同进化优化算法，使用该算法在搜索过程中能够维持整个种群多样性的群落级进化，从而克服传统单层生物启发式优化模型的“早熟收敛”问题，并进一步提升算法的收敛速度与收敛精度；第3章借鉴微生物学最新研究成果，从能量变化角度对细菌构建基于生命周期的优化模型，进一步介绍基于生命周期的菌群觅食自适应优化算法；第4章研究如何将改进的蜂群觅食优化算法用于求解聚类问题，将基于层次型信息交流机制的多蜂群协同进化优化的聚类优化算法用于教学评价体系；第5章研究如何将基于LCBFA的多阈值图像分割算法用于图像分割的问题；第6章对植物根系自适应生长与最优觅食这种典型生物个体行为进行深入研究，建立了基于根系生长的智能计算模型——混合人工植物根系生长优化模型。

本书从生物建模机理、算法设计和工程应用层面针对典型的生物觅食行为启发式计算方法进行研究，取得了具有创新性和应用价值的成果，所提出的改进策略和优化方法对于拓展相关领域的研究、指导实际应用都将具有一定的借鉴意义，可为从事相关智能优化方法研究的科研工作者提供可借鉴的理论指导。

图书在版编目(CIP)数据

智能优化算法：基于生物行为模型的案例分析与设计/刘洋编著．—北京：清华大学出版社，2022.3（2023.9重印）
（人工智能科学与技术丛书）
ISBN 978-7-302-60108-1

Ⅰ．①智… Ⅱ．①刘… Ⅲ．①生物生态学－生物数学－生物模型－最优化算法 Ⅳ．①Q141

中国版本图书馆CIP数据核字(2022)第020113号

策划编辑：盛东亮
责任编辑：钟志芳
封面设计：李召霞
责任校对：时翠兰
责任印制：沈　露

出版发行：清华大学出版社
网　　址：http://www.tup.com.cn，http://www.wqbook.com
地　　址：北京清华大学学研大厦A座　　**邮　　编**：100084
社 总 机：010-83470000　　**邮　　购**：010-62786544
投稿与读者服务：010-62776969，c-service@tup.tsinghua.edu.cn
质量反馈：010-62772015，zhiliang@tup.tsinghua.edu.cn
课件下载：http://www.tup.com.cn，010-83470236
印 装 者：涿州市般润文化传播有限公司
经　　销：全国新华书店
开　　本：186mm×240mm　　**印　　张**：6.25　　**字　　数**：111千字
版　　次：2022年4月第1版　　**印　　次**：2023年9月第2次印刷
印　　数：1501～1800
定　　价：59.00元

产品编号：093708-01

前言
PREFACE

在智能计算领域，生物界某些个体或群体的行为特征、演化特性给予研究人员很多启示，因此许多模拟生物行为和现象的优化算法应运而生，上述研究统称为生物启发式计算方法。生物行为有多种，觅食行为是生物生存及繁殖的重要行为，不同类型的生物，从低等单细胞细菌到高等动物都具有不同的觅食行为模式，有关模拟生物觅食行为规律的启发式计算方法自从提出以来，一直受到国内外学者和工程技术人员的广泛关注。

尽管基于生物觅食行为的启发式计算研究日趋成熟，但通过分析现有研究可以看出，在求解复杂的实际问题的过程中，我们在保持算法的多样性，兼顾全局与局部搜索的均衡，实现算法参数自适应优化，有效克服算法的“早熟收敛”问题，提高算法的搜索效率和收敛精度等方面尚存在较大的改进空间。

本书利用自然生物最优觅食理论、复杂自适应系统等成果，在国内外生物启发式计算相关工作的基础上，从生物建模、算法设计、工程应用层面，针对基于觅食行为的生物启发式算法展开了深入的研究，并结合数据聚类分析、彩色图像处理等典型实际问题设计了新的求解方法，为从事相关优化方法研究的科研工作者提供可借鉴的理论指导。

本书分为 6 章，内容涵盖了以下几方面：

(1) 针对传统基于单层生物启发式优化模型的原始蜂群算法存在“早熟收敛”问题，将层次型信息交流拓扑结构引入人工蜂群觅食模型中，提出基于层次型信息交流机制的多蜂群协同进化算法，实现在搜索过程中维持整个种群多样性的进化。通过仿真实验表明，该方法能够有效地保持整个种群的多样性，有效地提升了算法的收敛速度与收敛精度。

(2) 从能量变化角度出发，构建基于生命周期优化模型。在此基础上，针对传统的菌群优化算法进行改进，设计了一种基于生命周期的菌群觅食自适应优化算法。将大肠杆菌(escherichia coli，E. Coli)种群按照生命周期进行演化，即大肠杆菌个体在觅食过程中获取能量、消耗能量并动态地分裂、死亡和迁移，种群规模随环境变化进行适应性变化。通过仿真实验表明，本书建立的大肠杆菌菌群优化模型符合微生物生命周期变化规律，函数测试结果验证了算法具有较好的优化性能。

(3) 针对传统模糊C-均值算法易陷入局部极小值，对初始值和噪声数据敏感等不足，引入基于层次型信息交流机制的多蜂群协同进化思想，提出基于MCABC-FCM的聚类优化算法，并应用于教学评估中。实例仿真表明，相对于传统FCM聚类算法，该方法在寻优能力、收敛速度方面得到显著提高，与此同时，评价效果更具有代表性。

(4) 将基于生命周期的菌群觅食自适应优化算法用于图像处理中，提出一种新的多阈值图像分割算法，融合群体并行搜索且不易陷入局部最优的特点，以寻找图像分割的最优阈值组合，并最大限度地提高寻优精度和效率。通过图像的仿真证明该方法的分割结果更加精确，极大地降低了多阈值分割的计算时间，为解决类似工程问题提供了新的思路。

(5) 以植物根系自适应生长及觅食行为建模、仿真研究为基础，设计一种新型生物启发式计算模式——混合人工植物根系自适应生长优化算法。通过在标准测试函数上的仿真分析，植物根系生长优化具有良好的优化精度和收敛速度，为求解实际工程应用中的连续优化和动态优化问题提供了新的思路。

感谢清华大学出版社盛东亮老师的大力支持，他认真细致的指导，保证了本书的质量。

由于作者水平有限，书中难免有疏漏和不足之处，恳请读者批评指正！

作　者

2022年1月

目录

CONTENTS

第1章 CHAPTER 1 智能优化算法概述

自然界一直是人类创造力的丰富源泉，在计算智能领域，生物界某些个体或群体的行为特征、演化特性给予研究人员很多启示，因此许多模拟自然现象及生物行为和现象的优化算法应运而生。例如，模拟人脑结构和信息处理方式的人工神经网络(artificial neural network)、模拟生物群体进化和达尔文自然选择过程的进化算法(evolutionary algorithms)、模拟种群协作的群体智能(swarm intelligence)等生物启发式计算方法。

通过对这些生物行为开展的大量研究表明，自然界中生物的觅食行为存在着一定的优化特性。为了使生物的觅食效率达到最大化，个体根据环境选择相应的措施，以不同的方式对觅食对象采用不同的选择策略，包括生物个体间的信息交换，个体间的劳动分工和相互合作的搜索。生物觅食优化方法依赖于生物体自身的本能，通过优化无意识的行为适应环境。生物觅食优化方法与其他方法的不同之处在于它不需要根据问题本身严格的数学性质进行建模，所研究的问题性质是否连续、是否可求导也不重要，并且不需要先验知识，适合解决那些难以有效地建立一个正式的模型、用传统的方法不能解决的问题。

自20世纪末以来，基于生物觅食理论的启发式智能计算方法引起学术界的关注，国内外学者模拟自然界的生物智能觅食行为的规律，设计提出了各种启发式智能觅食优化方法，用于解决现实社会中存在的优化问题，特别是复杂系统与复杂性行为的问题。本章首先阐述生物启发式计算领域的研究背景，总结和分析现有生物启发式智能计算方法，在此基础上提出开展的主要研究工作。

1.1 生物启发式计算研究背景

优化问题普遍存在于人类生活与社会生产的各个方面，随着求解规模越来越庞大、问题日益复杂，人们对优化方法不断地探讨和研究，寄希望于找到更加高效的寻优方案。早在17世纪，欧洲研究者基于运筹学理论，提出了单纯形法、最快梯度下降法、线性规划法等优化方法，并给出了一些求解法则，但是这些算法复杂度大且只适用于求解小规模问题，不适合在实际工程中进行大规模的应用。

随着生物科学的不断发展，人们从大自然中获得了灵感，尝试着从生物学角度，建立系统模型解决复杂优化问题。自20世纪60年代开始，研究者受到生物进化模式的启发，尝试设计一种新型的智能计算理论与方法解决优化问题，从而为解决大规模的复杂优化问题提供新的思路及方法。智能优化算法根据求解类型的不同，可以分为全局搜索算法和局部搜索算法。全局搜索算法探索整个搜索空间的所有信息并产生全局最优解，而局部搜索利用当前解邻近的搜索空间的局部信息产生新解，对应的是局部最优值。与传统的优化方法相比，生物启发式算法因具有高效的优化性能，无须等待优化问题的特殊信息，稳定性强，能够实现渐进式寻优，体现“适者生存，优胜劣汰”的自然选择规律。表1-1给出了当前典型生物启发式计算模式、提出时间、提出者与基本思想。

表1-1 典型生物启发式计算模式

计算模式	提出年份	提 出 者	基 本 思 想
GA	1975	John Holland	自然选择和淘汰，适者生存
EP	1966	L. J. Fogel、A. J. Owens、M. J. Walsh	从整体角度模拟生物的进化，强调物种的进化
ES	1963	I. Rechenberg、H. P. Schwefel	模仿生物进化，且形状总是遵循正态分布
DE	1997	Rainer Storn、Kenneth Price	基于群体内个体间的差异产生新个体，模拟自然界生物进化机制
GP	1980	S. F. Smith	生物进化
	1985	N. L. Cramer	
	1992	J. Koza	
BP	1969	Arthur Earl Bryson、Yu-Chi Ho	反向传播神经网络
Hopfield	1982	J. Hopfield	反馈式神经网络

续表

计算模式	提出年份	提　出　者	基 本 思 想
ACO	1991	M. Dorigo、V. Maniezzo 和 A. Colorni	模拟蚂蚁觅食行为，通过分泌信息素来协作找到最优路径
ABC	2005	D. Karaboga	模拟蜜蜂采蜜行为
AFA	2002	李晓磊，等	模仿鱼群觅食和集群游弋行为
BFO	2002	K. M. Passino	细菌趋化觅食行为
GSO	2006	S. He、Q. H. Wu	群居动物（如鸟、鱼、狮子）等捕食的群体行为
BCC	2005	李威武，等	细菌群体趋药性运动
DNA	1994	L. M. Adleman	模拟生物分子结构并借助于分子生物技术进行计算
AIS	1998	D. Dasgupta	模拟自然免疫系统的工作机制
BBO	2008	Dan Simon	模拟生物种群在栖息地的分布、迁徙和灭绝规律
Cellular Automata	1963	John von Neumann、M. Ulam Stanislaw	细胞（群）动态演化
SOMA	2000	I. Zelinka、J. Lampinen	社会环境下群体的自组织迁移行为

在生物启发式计算研究领域，借鉴群体行为的智能优化方法是一个重要的分析方法。虽然简单的社会型生物个体觅食行为在结构上相对简单，但当它们一起协同工作时，不仅体现个体的性能，而且表现出非常复杂的行为特征。一个群体的复杂行为是群体中的每一个个体相互作用模式下的结果，这种现象被称作“涌现（emergence）”。例如，蜂群能够通过摆动跳舞的方式招募更多的蜜蜂，进而实现协同工作，完成最佳的蜜源搜索行为；个体能力有限的蚂蚁在没有任何协调的情况下能够完成动态觅食等复杂行为；鸟群和鱼群在没有集中控制的情况下组织成最佳的空间模式，得以协同共生。1999 年，Bonabeau、Dorigo 和 Theraulaz 在 *Swarm intelligence: from natural to artificial system* 一书中提出：任何一种由昆虫群体或其他动物社会行为机制而激发设计出的算法，或分布式解决问题的策略，均属于群体智能。群体智能优化算法的目标是在没有集中控制并且不提供全局模型的前提下，建立个体的简单行为，利用群体的优势，分布搜索，与邻近个体的局部相互作用，得到更为复杂的行为，从而求解复杂优化问题，实现解决复杂问题的最佳方案。

群体智能算法大多基于生物觅食行为而设计，比如 1995 年，心理学家 Kennedy 和电气工程师 Eberhart 提出了微粒子群优化算法，是一种鸟类群体觅食行为的仿生智能算法，在其优化过程中，将搜索空间的一只鸟，也就是“粒子”看成优化问题的解；1991年，意大利学者 Dorigo 等通过模拟自然界中蚂蚁群体的觅食行为提出了蚁群算法，蚂蚁将信息素作为选择后续如何行动的一项依据，整个寻优过程是通过多只蚂蚁的协同合作来完成的；1996 年，德国生物学家 Frisch 等提出了人工蜂群算法，通过模拟自然界中蜜蜂群体觅食行为，认为包含有关食物及地点的相关信息蕴含在蜜蜂采蜜时的跳舞表现中，同样地，最终解的寻优过程是通过蜜蜂群体协作实现的；2002 年，浙江大学李晓磊博士提出了人工鱼群算法，是通过模拟鱼群觅食行为，将少量的邻近个体游动的方向和速度作为依据，通过群体协同完成；2003 年，Eusuff 和 Lansey 提出了混合蛙跳算法，是通过模拟现实自然环境中青蛙群体在觅食过程中所体现的协同合作和信息交互行为，来完成对问题的求解过程；Shu Chuan Chu 最早提出的猫群算法是模拟猫群觅食行为；细菌觅食算法是细菌利用分子通信，协同保持对环境变化的跟踪。

非生物系统中时常有涌现行为出现，例如证券市场，其复杂性由各个投资者的相互作用所涌现；交通模式，虽然没有任何的规划，在许多城市均涌现出自组织行为。同样地，将上述这些生物觅食优化算法广泛应用于工业生产中的各个领域：无人机航路规划、控制参数设定、滤波器控制、量子计算、数据挖掘、图像处理、函数优化、编队重构、航迹规划、布局优化、神经网络训练、电器工程与控制、机器视觉、车间作业调度等各个方面。

1.2 生物启发式计算典型方法分析

近年来，生物启发式计算研究领域不断出现新的研究分支，国内外广大学者提出许多基于自然生物觅食行为的生物启发式计算方法，这些算法已经广泛应用于解决工程实际问题，并取得了较好的效果。生物启发式计算主要研究分支与自然界生命现象的对应关系如表 1-2 所示。

表 1-2 生物启发式计算主要研究分支与自然界生命现象的对应关系

生物启发式计算主要研究分支	对应的自然界生命现象
DNA 计算(DNA computing)/生物分子计算	DNA 分子(双螺旋结构)/生物分子
膜计算(membrane computing)	活细胞内的膜分子过程
人工神经网络(artificial neural network)	大脑神经网络
免疫计算(immune computing)	免疫系统

续表

生物启发式计算主要研究分支	对应的自然界生命现象
内分泌计算(endocrine computing)	内分泌系统
元胞自动机(cellular automata)	生命现象
人工生命(artificial life)	生命现象
群体智能(swarm intelligence)	蚁群、蜂群、鱼群、鸟群等的涌现现象
进化计算(evolutionary computing)	生物进化
林登梅耶系统(Lindenmayer system)	植物结构
生态计算(ecology computing)	生态系统

从国内外研究现状来看,对应群体智能的蚁群、蜂群、鱼群、鸟群等的涌现现象是这一领域目前研究的前沿热点问题。例如,模拟动物群体觅食的群搜索优化算法(group search optimization,GSO)、模拟鸟群觅食的粒子群优化算法(particle swarm optimization,PSO)、模拟细菌趋化机制的细菌觅食优化算法(bacterial foraging optimization,BFO)、模拟蚁群觅食的蚂蚁系统(ant system,AS)、模拟蜂群觅食的人工蜂群优化(artificial bee colony optimization,ABC)算法等。

1.2.1 遗传算法

1975年,遗传算法被美国University of Michigan(密歇根大学)的John Holland教授提出,其基本理论主要以达尔文的自然进化论为基本依据,并借鉴了摩根和孟德尔的群体遗传学说。遗传算法的基本概念如下:通过评估染色体,并对染色体中的基因进行操作,现存的信息被用来指导下一代的染色体,目的是让它进化到更优秀的状态。这种算法不是简单的随机比较搜索,而是一种随机优化算法,在进行问题求解时,将染色体适者生存的过程看成问题的求解过程,通过选择、交叉、变异等基本的操作,从而能够淘汰劣质个体,保留优良个体,通过迭代搜索,可以得到问题的最优解。表1-3是标准的遗传算法的主要步骤。

表1-3 标准遗传算法步骤

算法步骤	具体说明
初始化	随机生成一组初始个体构成初始种群
个体评价	分别评价每一个个体的适应度
判断操作	判断是否满足收敛准则,满足则输出结果,不满足则执行下面的操作
选择操作	按照适应值大小以某种方式执行选择操作

续表

算法步骤	具体说明
交叉操作	根据交叉概率执行交叉操作
变异操作	根据变异概率执行变异操作
评价	逐个评价每个个体的适应值

在遗传算法中,染色体好坏的判断是根据对适应度函数值的衡量实现的。适应度函数是根据具体的求解问题而设定的,是作为衡量个体好坏而需要获取的唯一标准信息。为了在群体中搜寻到最优的个体,并使其有一定概率成为父代,同时为下一代繁殖子孙,根据选择规则,适应性较强的个体作为父体,为下一代贡献的概率相对来说会比较大。其中,交叉操作是遗传算法中最主要的遗传操作。通过交叉操作得到新一代的个体,新个体能够继承父辈个体的有效模式,进而产生新的优良个体。变异操作是通过随机改变个体中某些基因,从而产生新的个体,其主要作用是能够增加种群的多样性,使算法的"早熟收敛"的缺点能够被避免。

1.2.2 神经网络计算

人工神经网络是一种新型的非算法信息处理方法,是在受到生物神经系统的启发下被提出的。大脑的某些机制与机理被模拟,神经元的基本功能作为起点,遵照由简单到复杂的规则逐步组成网络。新的网络模拟生物的神经系统与真实世界中的物体彼此交换信息,并做出相应的交互反应。

1943 年,神经元二元阈值单元(binary threshold unit)被心理学家 McCulloch、数学家 Pitts 提出,称为著名的 M-P 模型。神经细胞的工作状态是兴奋的或者是抑制的,是该模型的基本思想。McCulloch 和 Pitts 基于这个思想,将硬极限函数引入神经元模型中。其中,M-P 模型作为一种静态的模型,具有结构固定、权值无法调节的缺点,并且缺乏学习能力。针对所呈现的这一问题,1949 年,著名的 Hebb 学习规则被神经生物学家 D. Hebb 提出,当两个神经元由于其本身同时兴奋或同时抑制时,决定其连接强度是否增加。1958 年,感知器(perceptron)的概念被 F. Rosenblatt 提出,其基本思想是感知器是由阈值神经元组成,用来模拟生物的感知及学习能力。D. E. Rumelhart 和 J. L. Mccelland 等在 1986 年提出了 BP 学习算法,其基本原理是基于前向反馈神经网络,是目前使用最广泛的学习方法之一。神经网络算法在 20 世纪 80 年代中期得到了广泛的关注和飞速的发展。

神经网络计算目前已成为一门日趋成熟的学科，在绝大部分工程应用领域都有应用。神经网络计算的研究方向主要集中在：神经网络集成、混合学习方法、神经网络计算的理论基础、脉冲神经网络(spiking neural networks)、模糊神经网络、循环神经网络(recurrent neural networks)、神经网络与遗传算法及人工生命的结合、容错神经网络研究、神经网络的并行及硬件实现。

1.2.3 模糊计算

模糊计算是对模糊性概念和推理机制进行的模拟，也就是对人类思维方式的模拟。模糊集合被定义为不考虑精确边界的非确定性集合，正如 Zadch 在他的文章 *Fuzzy Sets* 中提到的：这种非精确定义的类别或集合“在信息通信、模式识别、抽象领域中起着重要的作用”。

1965 年，美国加州大学的 Zadch 博士首次提出了隶属度函数(membership function，MF)的概念，并发表了一篇关于模糊集的论文，这一论点开创了模糊计算的研究领域。隶属度函数所表示的是可取区间[0,1]的任何值代替原来隶属度非 0 即 1 的状态，这是模糊集模糊数学理论，构成了模糊计算系统的基础。1974 年，模糊控制被 Mamdani 成功地运用在蒸汽发动机上，开创了模糊控制应用的新阶段。从此之后，模糊理论及模糊系统得到了极大的发展及广泛的应用。

模糊推理系统构建了一个新的计算框架，将模糊推理、模糊 IF-THEN 规则和模糊集合理论等基本概念综合使用。三个重要部件组成了模糊推理系统，其基本结构包含规则库、数据库、推理机制。规则即为模糊规则，数据库包含隶属度函数。隶属度函数是在模糊规则中用到的，其输出或结论按照模糊规则给出，符合事实执行推理过程。然而，很多情况下，模糊推理系统得到精确的输出，例如当模糊系统被作为控制器的时候，这时从输入到输出的非线性映射可以实现模糊推理系统的这一问题。

最近十几年来，如何根据实际情况制定最优模糊规则，建立模糊模型是模糊推理系统的核心问题，众多学者根据实际应用问题，提出了各种不同的模糊建模及求解方法，在各个领域得到了广泛的应用。

1.2.4 蜂群优化算法

蜂群优化算法是流行的生物启发式算法之一。蜜蜂是一种群体活动的昆虫，虽然单个蜜蜂具有极其简单的个体行为，而由多个蜜蜂组成的蜂群会显示出非常复杂的行为。蜂群能够动态地分配任务，具有强大的记忆功能、良好的感觉系统、准确的导航系统。它们个体之间存在着多种信息交流模式，以蜜蜂群体决策的形式对巢穴进行选址，具有明确的分工、协作，能够适应不同的环境，涌现出了很高的智慧形式。蜜蜂种群是研究社会行为学、神经生物学、免疫学、遗传学、智能化科学模式的参照生物。基于蜂群的特性，研究人员模拟蜜蜂的智能行为，建立模型，开发出了很多优秀的优化算法，并且广泛用于解决实际问题。

(1) 蜂后进化算法。

蜂后进化算法是Jung通过模拟蜂后的繁殖过程提出的，是对蜂后繁殖行为方式的模拟，该算法通过加强探索和深入采集的过程，改进了遗传算法的优化能力。Lu和Zhou提出了BMGA(based on multi-bee population genetic algorithm，基于多蜂群进化的遗传算法)。Qinetal采用蜂后进化算法解决了具有非线性约束性质的电力分配复杂优化问题。由BMGA产生一个种群，其余种群将随机产生，通过交叉的方式与被选择的个体(雄蜂)进行重组，求得每个种群中的最优解。

(2) 蜂房优化算法。

蜂房优化算法(bee hive optimization algorithm)是Walker基于蜜蜂的舞蹈以及通信交流的模拟提出的，该算法建立蜜蜂信息分享与处理的模型，模拟计算机内或网络上的信息流。Wedde等用该算法解决了网络路由问题。

(3) MBO优化算法。

蜜蜂繁殖(marriage in honey-bees，MBO)优化算法是基于蜜蜂的交配繁殖的模拟，由Abbass基于蜜蜂的繁殖提出的。该优化模型用于数据挖掘问题、子优化水库操作、组合优化、水资源分配系统，在这些系统中均取得了良好的效果，并得到了广泛的应用。

(4) 基于蜂群觅食行为的优化算法。

由于受到蚁群系统在复杂工程问题上成功应用的启发，Lucic和Teodorovic提出了基于蜂群觅食行为的优化算法，探索了蜜蜂觅食行为，建立了基于蜂群觅食行为的优化模型，开发了一种基于蜂群觅食行为的系统，并应用于解决复杂的组合优化问题。这种优化算法目前被广泛应用于各种工程问题，包括交通与运输问题和旅行商问题。在此基础上，蜂群优化(bee colony optimization，BCO)启发式算法被Teodorovic和Dell提出，Banarjee等将这种算法与粗糙集方法结合，用于解决供应链调度问题。

1.2.5　细菌觅食优化

基于细菌觅食行为的优化算法是在 2002 年由 K. M. Passino 提出的，是一个相对较新的研究领域，正处于研究的起步阶段，因此其取得的研究成果相对比较少。近年来，许多学者对细胞和微生物进行建模，并进行数据仿真，做了大量的研究工作。

微生物大部分都是单细胞生物，由于其个体结构相对简单，因此容易描述。大肠杆菌(escherichia coli，E. Coli)是微生物学领域研究比较透彻的代表性典型微生物之一，细菌觅食优化方法通常以大肠杆菌作为模拟对象。大肠杆菌个体由细胞核、细胞膜、细胞质和细胞壁组成。其外形为杆状，质量约为 2×10^{-12}g，大小约为 $2.95\mu m\times0.64\mu m$，体积约为 $0.88\mu m^3$，是最大的原核生物细菌之一。大肠杆菌的表面遍布着鞭毛和纤毛。鞭毛长度通常超过菌体若干倍，具有细长而弯曲的丝状物，鞭毛自细胞膜长出，是帮助细胞移动的。其纤毛的直径约为 $0.2\mu m$，长为几微米至数十微米，是一种能运动的突起状细胞器，基本用途是帮助细菌之间某种基因进行传递。大肠杆菌的外形如图 1-1 所示。

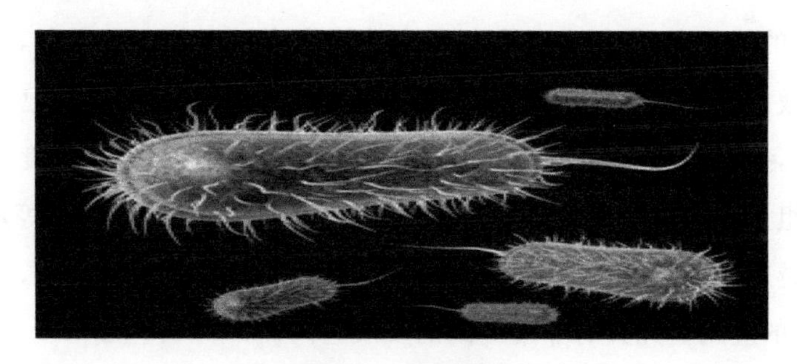

图 1-1　大肠杆菌

大肠杆菌个体的生命周期通常分为三个阶段：

(1) 趋化行为阶段：细菌向食物浓度大的区域聚集的阶段。

(2) 繁殖行为阶段：细菌获取营养进行繁殖的阶段。

(3) 迁移行为阶段：细菌以某种概率被驱散到搜索空间的随机位置的阶段。

其中，从遗传学的角度模拟大肠杆菌的群体进化着手，英国利物浦大学的 COSMIC(computing systems of microbial interactions，微生物间相互作用的计算系统)课题组进行了大量的实验，实验表明，该模型能够再现自然界细菌从基因产物的形成到在环境中的运动特性等进化过程；从生物计算的角度着手，美国 The University of

Connecticut Health Center(康涅狄格大学卫生中心)的 Schaff 等提出了虚拟细胞(virtual cell)的思想,提供了一个直观可视化的细胞建模平台,开发了 vcell 软件;从生物细胞内蛋白质与染色体的相互作用机制着手,W. Banzhaf 等进行了大量的建模研究;从具有复杂适应性系统特点着手,英国 Cardiff University(卡迪夫大学)的 J. U. Kreft 等开发了 bacsim 细菌模拟平台;从实现多细胞生命活动仿真着手,日本 Keio 大学 E-CELL 课题组开发了 E-CELL 仿真系统软件,如细菌信号变频、红细胞的新陈代谢、线粒体的新陈代谢等;基于细菌内部的反应机制和细菌与环境的相互作用机制,H. J. Bremermann 提出了细菌趋化模型,并将此算法用于神经网络训练;基于细菌趋化模型的基础,S. D. Muller 等提出了一种用于函数优化的新型算法,并将此算法应用于机翼的优化设计;基于受细菌群体感应现象的启发,L. L. Shum 等提出了一种新的聚类算法,并应用于设计自管理、自组织、自优化的无线传感器网络。

1.3 生物启发式计算的应用与发展趋势

经过多年的快速发展历程,生物启发式计算作为一门新兴的学科,凭借其简单的计算模式、高效的复杂问题求解能力,生物启发式计算理论及其方法已经成为有效优化工具。目前,生物启发式算法已被广泛应用于计算机科学、优化调度、运输问题、工程优化、设计组合优化问题等领域。随着云计算、物联网、大数据处理等热门新兴领域的蓬勃发展,越来越复杂的海量信息处理与优化决策需求也越来越多,生物启发式计算理论与方法的应用研究具有非常广阔的发展空间。

但是,对比国外日趋成熟的应用研究,国内的研究仍有很多局限性:应用研究数据及研究成果往往停留在理论阶段和实验阶段,不能进行实际应用验证,结论缺乏可靠的根据和说服力,不能作为范本使生物启发式技术广泛地在实际应用中进行推广。同时,由于缺乏相应的设备与研究平台作为依托,国内的应用研究往往对某一具体领域无法进行深入的研究,只是停在理论表层上。如果没有对特定领域的应用问题进行深入的理解研究,也就不能根据其具体特征建立相应的系统模型,进而使用合适的生物启发式算法解决实际应用问题,这也是国内研究的缺陷。

因此,如果要发展基于觅食行为的新型生物启发式计算的应用研究,应该立足于将具体问题抽象成数学模型,深入研究模型的求解方式,并对方法进行研究论证,寻找具体问题间的共同特征，以进行算法的移植，建立通用的算法模型，不仅要重视生物启发式算法的理论发展，更要注重算法的实际应用。

1.4 本章小结

生物启发式计算的新方法和新理论的提出对计算机科学以及其他学科有着重要的意义，目前已经发展为一门综合学科，其应用渗透到了很多领域。生物启发式计算的应用领域十分广泛，包括新能源与新材料领域、先进重大装备领域、电子信息制造业领域、软件和信息服务业、生物医药领域、社会经济与金融及管理领域。越来越多新的应用使得生物启发式计算与其他学科相互弥补、相互发展，生物启发式计算的研究不仅包括应用较为成熟的人工神经网络与进化算法等技术，还包括微粒群算法、蚁群算法和差分进化算法等，而文化算法、蜂群算法、生态算法、群搜索算法等新兴算法都能够有效地应用于实际。

第2章 基于层次型信息交流机制的多蜂群协同进化

CHAPTER 2

本章主要介绍基于层次型信息交流机制的多蜂群协同进化优化(MCABC)算法的基本思想与模型。

MCABC算法是ABC(人工蜂群)算法的一种改进,下面先简单介绍ABC算法,然后将所有MCABC变种算法与经典ABC算法进行比较。

2.1 人工蜂群算法的基本思想与流程

ABC算法是近年来受到广泛关注的一种模拟蜂群觅食行为的优化算法,该算法是2005年由土耳其Erciyes University(埃尔吉耶斯大学)的Karabog首次提出的,基本思想借鉴蜜蜂觅食行为。2007年,Karabog和Basturk对ABC算法进行了详细的性能分析,将分析的性能测试结果与遗传算法、粒子群算法、差分进化算法等多种优化算法的测试结果进行了比较,结果显示,ABC算法在大多数的函数测试问题上具有其他算法无法比拟的优势,其最大的特点是收敛速度快且求解精度高等。ABC算法凭借其概念简单、易于实现,并且控制参数设置较少等特点,在诸多科学研究及工程领域得到了广泛的应用。

模拟蜂群的觅食行为的优化算法主要包括蜂群算法(bee-swarm algorithm,BA)和人工蜂群算法,这两种算法的基本理论比较相似,不同之处主要有两点:

(1) 雇佣蜂(employment bee)、观察蜂(observation bee)、侦查蜂(scout bee)的分配比例有所不同。

(2) 人工蜂群算法设置了限制参数,而蜂群算法没有引入限制参数。

两种算法都将蜂群分成雇佣蜂、观察蜂、侦查蜂三类。

(1) 雇佣蜂：也可以称为引领蜂。引领蜂先对食物源进行探索，然后将得到食物源的信息与等待在蜂巢的观察蜂分享。

(2) 观察蜂：也可以称为跟随蜂。跟随蜂依照各个食物源的信息，决定飞向哪个食物源进行采蜜。食物源的质量越好，观察蜂飞往该食物源的概率就越大。

(3) 侦查蜂：当食物源的开采价值降低到一定范围时，与之对应的雇佣蜂就会转变角色成为侦查蜂，面向整个空间重新随机搜索新的食物源。

在人工蜂群算法中，食物源的位置代表着优化问题的某一可能解，食物源的质量代表该解对应的函数值或适应度。蜂群中的雇佣蜂和观察蜂数目相同，且每一个食物源对应一个雇佣蜂，当雇佣蜂对应的食物源质量下降到某一阈值时，雇佣蜂就变成了侦查蜂。

人工蜂群算法的求解过程可以表述如下：

(1) 在 ABC 算法的初始阶段，对应食物源位置随机生成 SN 个可行解。然后分别计算各个解的适应度值 fit，对解进行评估。

(2) 对于每个雇佣蜂，在当前位置邻域搜索新的食物源，即在当前食物源的位置周围寻找到一个新的位置，可根据式(2-1)产生一个新的可行解，即

$$v_{ij}=x_{ij}+\varphi_{ij}(x_{kj}-x_{ij}) \tag{2-1}$$

x 代表食物源位置。$k\in(1,2,\cdots,\mathrm{SN})$ 和 $j\in(1,2,\cdots,D)$ 是随机选择的索引，D 是待优化参数的个数，并且 $k\neq i$。ϕ_{ij} 是在$[-1,1]$产生的一个随机数。然后比较新产生解的值和原解的值，根据贪婪算法选择好的一个作为其对应的食物源位置。

(3) 观察蜂将根据各食物源所对应的适应度值，按照预先设定的概率随机进行选择。用式(2-2)计算选择概率为

$$p_i=\frac{\mathrm{fit}_i}{\sum_{i=1}^{\mathrm{SN}}\mathrm{fit}_i} \tag{2-2}$$

其中，fit_i 代表食物源对应的适应度。

(4) 如果食物源的适应度值经过有限次循环之后仍没有得到改善，则该食物源位置将被移除。此时雇佣蜂变成侦查蜂。根据式(2-3)，侦查蜂随机产生新的食物源位置为

$$x_i^j=x_{\min}^j+\mathrm{rand}[0,1](x_{\max}^j-x_{\min}^j) \tag{2-3}$$

其中，$x_{\min}^j$ 和 $x_{\max}^j$ 分别是 j 的上、下边界。

(5) 重复以上步骤 MCN 次(是 ABC 算法的最大循环次数)或者直到满足某个终止条件为止。标准人工蜂群算法流程如图 2-1 所示。

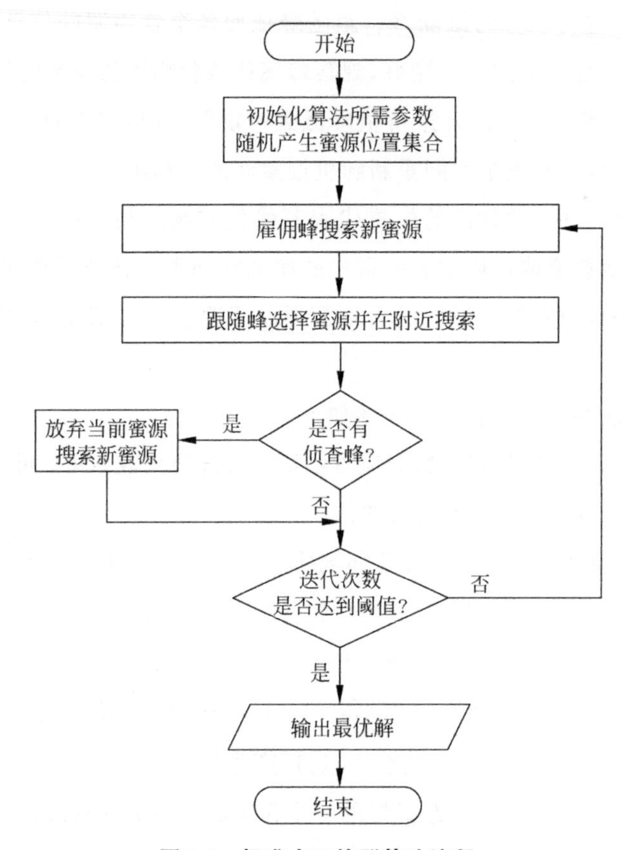

图 2-1 标准人工蜂群算法流程

2.2 多蜂群协同进化机制

德国学者哈肯在 1976 年提出了"协同进化理论",认为系统进化过程中各内部要素及个体之间相互作用并相互影响(协同行为)是系统进化的必要条件。在此基础上,提出了协同进化算法,其核心思想分为两类:竞争协同进化和共生协同进化。Ehrlich 和 Jazen 提出协同进化的定义,其内涵特征包括特定性、相互性和同时性。协同进化也称共同进化,是生物之间、生物与环境之间在进化过程中的某种依存关系,其研究涉及竞争物种间、捕食者与猎物间、寄生物与寄主间互利作用等协同进化思想。随着协同进化理论的产生与发展，人们对协同进化的作用有了更清楚的认识，承认生物的多样性、自然系统的自我组织和维持能力、适应环境的自我调节规律等。

随着生物学中协同理论研究的深入，学者逐渐将该思想引入进化算法中，有效地提升了优化效率和优化质量，因此已成为计算智能领域的一个重要研究方向。协同进化算法与原始进化算法的主要区别是：传统的生物启发式计算多是单种群的，如遗传算法、进化策略、粒子群算法、人工蜂群算法等；而协同进化算法借鉴了自然界的协同进化机制，一般采用多种群形式。除了种群数量不一样，协同进化算法还考虑了个体间、种群与环境间、种群间的协作，该算法由于自身的优越性，已成为进化计算的一个热点问题。

根据生态学中物种间的捕食者-猎物（predator-prey）、寄生物-寄主（host-parasite）、相互竞争（competition）、互惠共生（mutualism）四种关系，可以将协同关系划分为两类，即竞争关系和合作关系，因此协同进化算法同样也分为竞争型协同进化算法、合作型协同进化算法。

本章基于互利共生和共栖的思想，针对人工蜂群觅食行为，设计了一种新型的多蜂群协同进化模型。在该模型中，采用主-从式的结构表示共生蜂群之间的关系。整个蜂群被分为 N 个子群（共生群体），其中 N_m 为主群数，N_s 为从群数，每个子群均包含相同的个体数。在进化过程中，参与其他子群信息交流的共生蜂群称为主群（master swarm），独立进化不参与其他子群信息交流的共生体为从群（slave swarm）。多蜂群协同进化模型如图 2-2 所示，图中箭头表示信息的传递。

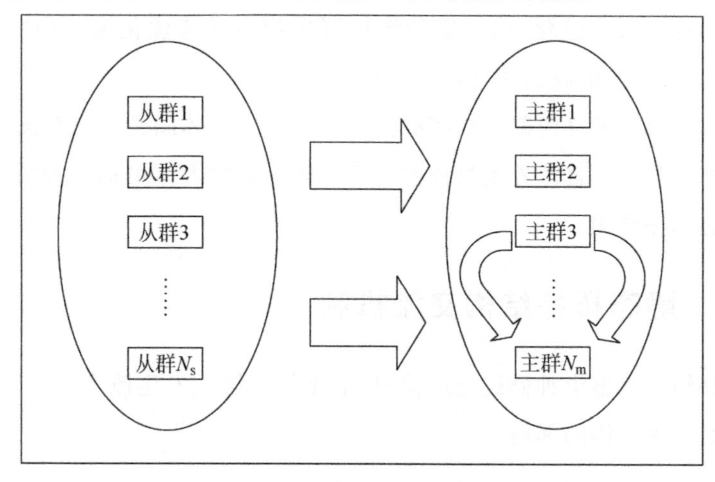

图 2-2　多蜂群协同进化模型

根据不同的主、从群数设置,可以表示不同共生模式:

(1) $N_m=0, N_s=N$: 各群体独立进化,之间没有信息交流。

(2) $N_m \in [1,N), N_s=N-N_m$: 部分个体参与信息交流,即共栖模式。

(3) $N_m=N, N_s=0$: 所有的子群均参与信息交流,即互惠共生。

2.3 层次型信息交流机制

生态系统是指生物群落与其所处环境之间由于不断进行物质循环、能量交换而形成的统一整体。而其中生活在一定空间里相互有直接或间接关系的有关种群的总体称为生物群落,在自然界的生物群落系统中,由于同种生物个体之间(部分之间)的相互作用关系会形成种群;各个种群由于其中的个体(部分)之间的相互作用会涌现出一定的整体属性,即群属性。各个群以其属性为基础,相互之间的作用又构成了群落。生物群落的信息交流拓扑结构是一个多层结构。每个种群内,由个体间的交流拓扑结构构成了群体的拓扑结构,而在群落层面上,种群之间的交流方式又构成了更高一层的拓扑网络。

传统的基于群体协作觅食的智能优化模型大部分是基于单一种群,如蚁群优化算法、粒子群算法、人工蜂群算法等,驱动这些智能模型工作的本质是社会交流,即种群里的个体通过社会交流进行相互学习,从而得到更好的经验知识以向食物(最优)位置移动。本节在人工蜂群觅食模型基础上,引入了层次型信息交流拓扑结构,实现整个种群多样性的群落级的进化,以克服传统单层生物启发式优化模型的"早熟收敛"问题,并进一步提升算法的收敛速度与收敛精度。

生态群落中单一种群内部个体间的拓扑结构代表主体间的信息交流方式,是整个系统体现智能的基石。自然界生物种群内部的拓扑结构大体可抽象为两类,即静态拓扑结构和动态拓扑结构。

2.3.1 静态拓扑结构交流机制

静态拓扑结构在整个种群进化过程中,个体的邻居不发生改变;而动态拓扑结构将改变进化过程中个体的邻居。

1. 单一种群内部信息交流机制

常见的静态拓扑结构有环形结构、星形结构、冯·诺依曼结构、随机结构和小世界网络结构等。

(1) 环形结构：选择最相邻的几个个体直接相连。当 $k=2$ 时，每个个体有两个邻居，如图 2-3(a)所示，第 i 个个体的邻域集合 $\text{nei}(x_i)=\{x_{i-1},x_{i+1}\}$。当 $k=N-1$(N 为种群个数)时，环形结构就成为全互连结构。

环形结构中的节点直接影响到左、右邻居，再通过邻居间接影响其他节点。虽然，采用这种信息传递方式，消息传播速度较慢，但这种间接的影响会使其他个体有机会探索新的区域，保留个体的多样性。因此基于环形结构的群搜索算法寻优能力强且不易陷入局部最优，但缺点是收敛较慢。

(2) 星形结构：又叫作全互连拓扑结构。如图 2-3(b)所示，每个个体与其他所有个体直接相连、彼此互为邻居。如种群个体集合为 $X=\{x_1,x_2,\cdots,x_i,\cdots,x_N\}$，那么第 i 个个体邻域集合为 $\text{nei}(x_i)=\{X\}$。

在这种结构下，食物源位置信息会很快在这个群中传播，所有个体共享群中表现最好的个体信息，具有最快的收敛速度，但也易于陷入“早熟收敛”。

(3) 冯·诺依曼结构：该结构如图 2-3(c)所示，为正方形结构，相邻个体呈现网格状，每个个体与四周个体相连。冯·诺依曼结构可以有不同的构造方法，图 2-3(c)为

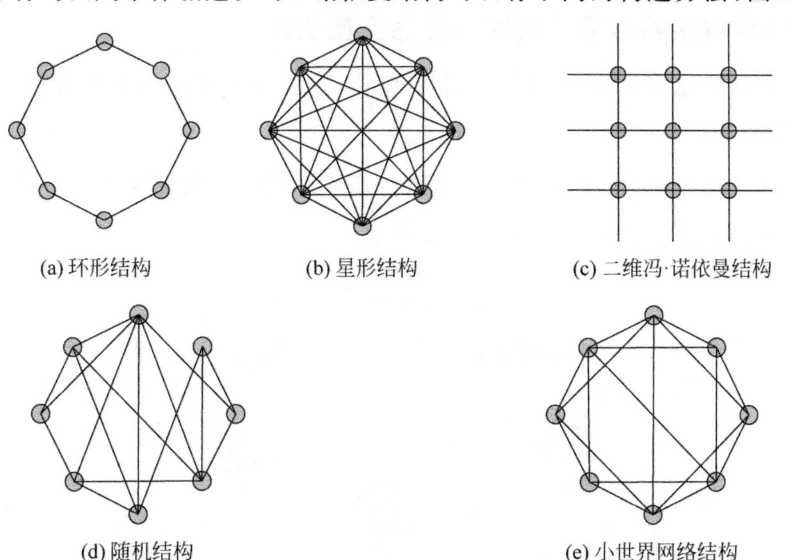

图 2-3　静态拓扑结构

二维冯·诺依曼结构，第 i 个个体的邻域集合 $\text{nei}(x_i)=\{x_{i4}\}$，$x_{i4}$ 集合的生成方法可按二维冯·诺依曼结构行列排序构造法构造。

冯·诺依曼结构具有较均衡的图属性特征，信息比环形结构传播得快，但又不会直接影响到所有的个体。因此基于该结构的群搜索算法在收敛性上优于环形结构，在寻优能力上好于全互连结构，被认为是较好的拓扑结构。

(4) 随机结构：该结构如图 2-3(d)所示，即每个个体随机与邻近的个体相互连接，形成一种随机结构。第 i 个个体的邻域集合 $\text{nei}(x_i)=\{x_1,x_2,\cdots,x_j,\cdots,x_K\}(K\leqslant N)$，$x_1,x_2,\cdots,x_j,\cdots,x_K$ 为从种群 X 中随机选择的个体。由于这种网络个体间的连接关系不确定，因此其通信性能难以确切判定。

(5) 小世界网络结构：该结构如图 2-3(e)所示，大部分的个体彼此不邻接，但可以从任一其他个体经较少的步数到达。其模型构造方法为：考虑含有 N 个节点围成的一个环，各节点都与它左右相邻的各 $K/2$(K 是偶数)个节点相连，然后以概率 p 随机地重新连接网络中的每个边。

由于小世界网络结构来源于“六度分离”原理，因此基于这种结构的搜索算法的信息传递速度快，具有较快的收敛速度，不易陷入局部最优问题。在这样的系统里，改变几个连接，就可以剧烈地改变通信网络的性能。实际的人类社会、自然生态系统等信息交流网络都具有“小世界”效应，可用小世界网络模拟现实的复杂网络。

2. 多种群生物群落的层次型信息交流机制

生物群落信息交流基于多层次的拓扑结构，主要分为同质拓扑结构和异质拓扑结构两种形式。

(1) 同质拓扑结构：种群内部为紧密的晶体连接的层次型同质拓扑结构，种群之间为松散的环形连接，具体结构如图 2-4 所示。

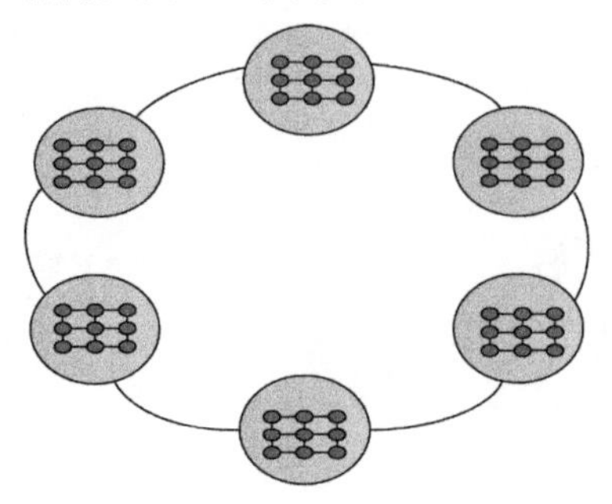

图 2-4 同质拓扑结构

(2) 异质拓扑结构：种群内部分别为环形、晶体、轮形和星形的异质结构，种群间为全连接结构，具体结构如图 2-5 所示。

其中，每个种群内部由个体间的交流拓扑构成了群体的平面层次拓扑结构；而在更加宏观的群落层面上，不同种群之间的信息交流又构成了更高一层的拓扑结构。如图 2-6 所示，种群之间通过相互之间的竞争合作关系构成了群落的层次系统。种群间的拓扑结构并不影响种群内部的拓扑结构，即种群内的拓扑结构和种群间的拓扑结构可以各不相同。

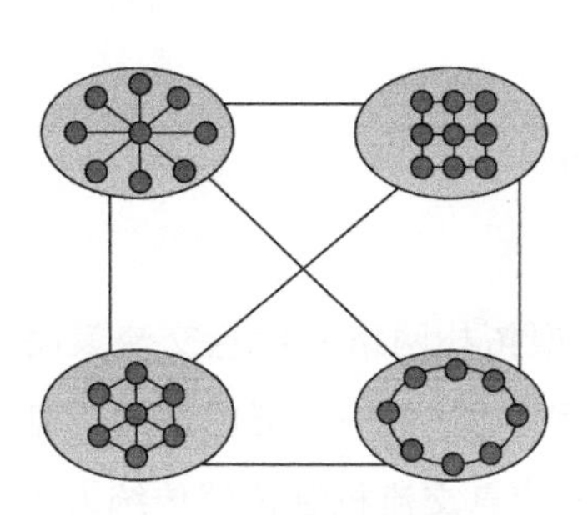

图 2-5　异质拓扑结构

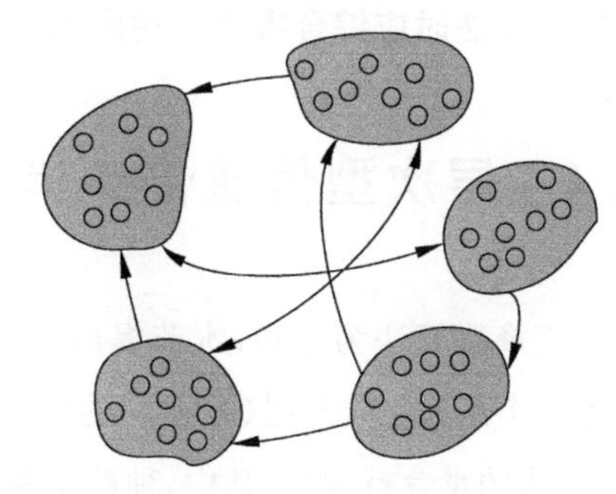

图 2-6　生物群落的层次型拓扑结构

2.3.2　动态拓扑结构交流机制

与静态拓扑结构的交流机制不同，动态拓扑结构(如图 2-7 所示)的交流机制能够根据当前个体的状态，实时地调整个体的邻居结构或信息共享方式。

个体邻域的动态产生方式有多种，种类繁多，机制和适用域各不相同，目前为止没有一个能够适合求解任何问题的统一动态拓扑方法，因此很多学者都根据不同的求解问题提出不同的动态拓扑方法，但处理流程具有一定的共性。当前个体在邻域函数控制下产生当前邻域，并以某种策略更新当前状态，重复这个搜索过程，直至满足终止准则，结束搜索过程。具体设计时需要考虑控制参数的设置、个体状态更新方式、邻域函数的设计等问题。控制参数的设置主要是由于控制参数取值对算法搜索

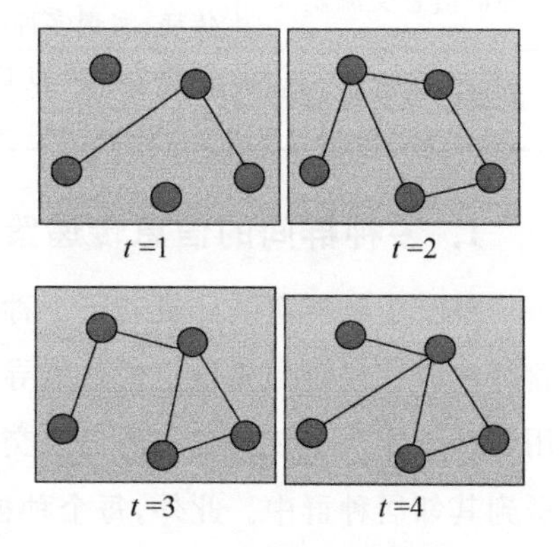

图 2-7　动态拓扑结构

注：t 为时间节点

进程和行为具有重要影响。决定算法在邻域中的寻优能力和效率,比较好的策略是根据搜索性能动态地调整参数。邻域函数的设计主要决定邻域结构和邻域解的产生方式。邻域结构可采用不同的原则,如最近原则、密度原则等。个体状态更新方式主要指以何种策略确定新的当前状态。

上述各环节的设计具有多样化特性,都是构造动态拓扑结构算法和实现优化的关键。良好的邻域结构是保证算法全局最优性的基础,准确的个体状态更新方式是加快全局寻优的前提,合理的控制参数是推动全局寻优的保障。因此在设计基于动态邻域拓扑结构的算法时应综合考虑上述因素。

2.4 层次型信息传递策略设计

以人工蜂群算法为背景,本节提出了基于层次型拓扑网络的信息交流策略。它可以细分为三个层次:群落层(种群间的协同进化)、种群层(单一种群内部的信息交流)、个体层(个体的觅食行为)。其中,种群层和个体层的信息交流机制按照传统人工蜂群算法处理模式,本书重点研究群落层的信息传递策略。基本思想要满足表 2-1 的信息传递策略。

表 2-1 信息传递策略

信息传递策略	具体说明
个体信息交流模式	在每个种群内部,个体基于平面拓扑结构进行信息交流与合作
种群信息交流模式	在群落的不同种群之间,基于层次的信息交流拓扑结构进行种群级的信息传递,实现多种群协同进化
群落信息交流模式	在整个群落的生命周期内,种群内的信息交流始终存在,种群间的合作依据特定的时间周期进行

1. 多种群间的信息传递策略

整个生物群落被分成若干个种群,每个种群并行执行基于平面拓扑结构的种群觅食算法。在经过预先设定代数的寻优过程后,每个种群选择部分带有优秀信息的个体用于基于层次型拓扑结构的信息交换。被选中的个体组成一个列表,这个列表将被传送到其邻居种群中。此外,每个种群都要准备一个替换列表,在这个列表中的个体将被从其他邻居种群传递来的个体替换。为了更好地构建种群间信息传递策略,设计了一个综合考虑个体适应值选择策略,如海明距离和拥挤距离的计算、信息交流列表的设置(是预先设定的固定值)。种群间按照下列优先顺序准备信息传递策略,如表 2-2 所示。

表 2-2 种群间的信息传递策略

个体适应值选择策略	具体说明
海明距离和拥挤距离的计算	某一种群中被选择的个体大于发送列表大小的预先设定值,计算种群中每对个体的海明距离和拥挤距离
信息传递列表的设置	某一种群中被选择的个体小于发送列表大小的预先设定值,剩下的个体将按照适应值排列顺序进入信息传递列表 适应值相同的个体,优先选择具有较大拥挤距离的个体,直到信息传递列表被填满为止
替换列表的设置	适应值排序靠后的个体将首先被替换,以此类推,直到替换列表中的个体达到预先设定值为止 同一适应值的个体,位于较小拥挤区域的个体首先被替换

其中,海明距离和拥挤距离的计算原则是计算出距离其他个体有最大海明距离的个体,然后选择离它最近的 L 个个体进入信息传递列表,最后选择具有较大拥挤距离的个体。L 的大小取决于发送列表的大小 K 和交换因子 $\delta(0<\delta<1)$,即

$$L=\delta\times\frac{K}{3}-1 \tag{2-4}$$

种群间的信息传递序列如图 2-8 所示,这是种群间组成的次序环。每个种群从它毗邻的种群里接收发送列表,它的替换列表中的个体将被这个接收列表中的个体替换。

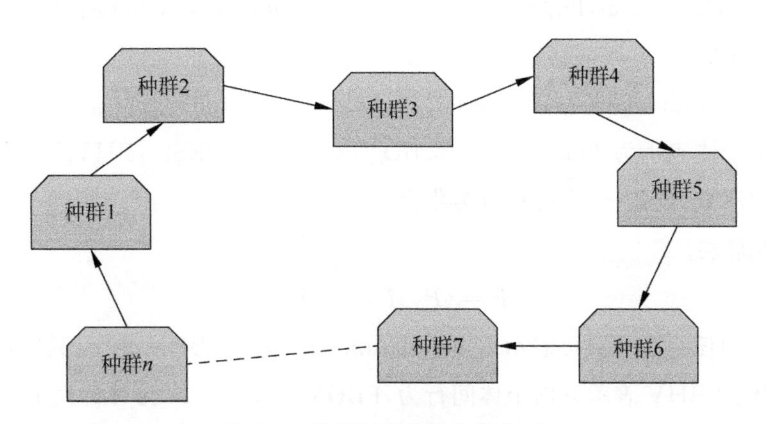

图 2-8 种群间的信息传递序列

2. 层次型拓扑交流结构

群落层次采用星形结构和环形结构，在不同种群内部采用星形、环形、冯·诺依曼拓扑结构。这里需要指出，任何形式的拓扑结构均可应用于算法的不同层次。

2.5 基于层次型信息交流机制的多蜂群协同进化优化算法设计

基于层次型信息交流机制的多蜂群协同进化优化算法模型可以看作是生物复杂系统层级模型，由环境(environment)、群落(colony)、蜂群(species)、个体(individual)、拓扑结构(topology)、协同进化规则(coevolution)等几部分组成，该模型是在复杂生物适应系统层级演化模型基础上结合群体间协同进化、信息交互机制而形成的。在群落层，多蜂群之间呈现出明显的协同进化现象，同时每个蜂群还有各自的生命周期。在种群层，一个蜂群体现出了信息交流、分工协作等智能行为；在个体层，生物系统成员个体展现出不同的觅食行为特点及搜寻机制。

2.5.1 多蜂群协同进化优化算法模型

基于层次型信息交流机制的多蜂群协同进化算法的模型由个体层、种群层和群落层构成，如图 2-9 所示。

定义如下：

MCABC=(Individual，Population，Colony，Environment，Topology，Coevolution)

(1) 个体层。

$$\text{Individual}=\{\text{Individual}_1,\text{Individual}_2,\cdots,\text{Individual}_{\text{INUM}}\}$$

第 i 个个体表示为 $\text{Individual}_i=<\text{IID}_i,\text{POSI}_i,\text{FITNESS}_i,\text{BHV}_i>$，它们分别表示个体 i 的序号、位置、适应度和行为集合。

(2) 种群层。

$$P=\{P_1,P_2,\cdots,P_M\}$$

种群层的任一个种群可表示为 $\text{Population}=<\text{OPT},\text{PBHV},N>$，其中，OPT 为群内最优个体；PBHV 表示群内个体间行为，$\text{PBHV}=\{C^{\text{A}}\}$；$N$ 为种群大小。

(3) 群落层。

$$\text{Colony}=\{\text{Colony}_i^1\{\text{Colony}_j^2\{\text{Colony}_k^3\{\cdots\{\text{Colony}_l^{\text{Num}}\}\}\}\}\}$$

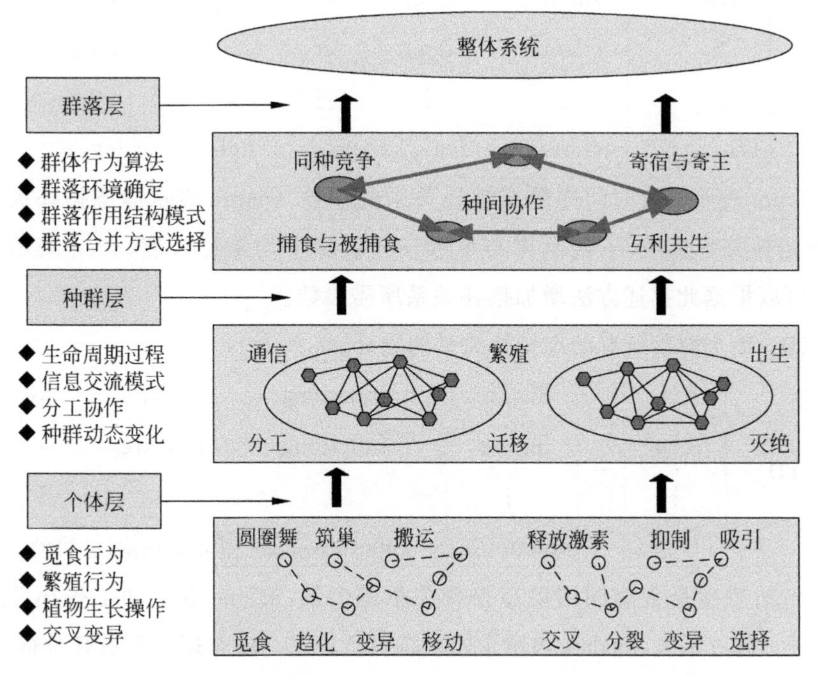

图 2-9 基于层次型信息交流机制的多蜂群协同进化算法模型

(4) 环境。

环境由目标函数定义。

(5) 拓扑结构。

$$\text{Topology}_k=(t_k,T_k,\text{TS},\text{TD},\{A_{ik},P_{jk}^{n}\})$$

① t_k：$0\leqslant t_k\leqslant t_{\text{end}}$，表示当前时间。如果为静态拓扑结构，则 t_k 为任一常数。

② T_k：第 k 个时间点整个群落所有层次所有进化单元的拓扑关系集合。

$$\{T_k\}=\begin{bmatrix} T^k & & & & & & \\ T_{1,1}^k & T_{1,2}^k & \cdots & T_{1,C1}^k & & & \\ T_{2,1}^k & T_{2,2}^k & \cdots & \cdots & T_{2,C2}^k & & \\ \vdots & \vdots & \vdots & \vdots & \vdots & \vdots & \\ T_{\text{Num},1}^k & T_{\text{Num},2}^k & \cdots & \cdots & \cdots & \cdots & T_{\text{Num},\text{Cum}}^k \end{bmatrix}$$

其中，$\{T_k\}$中的元素可为静态拓扑关系或动态拓扑关系，即 $T_{i,j}^k=(\mathbf{TS}_m)\text{OR}(\mathbf{TD}_m)$。

③ **TS**：整个群落所有静态拓扑关系的集合。

$$\mathbf{TS}=\begin{bmatrix}\mathrm{TS}_1\\ \mathrm{TS}_2\\ \vdots\\ \mathrm{TS}_{\mathrm{TSnum}}\end{bmatrix}=\begin{bmatrix}\mathrm{sname}_1 & \mathrm{deg}_1 & \mathrm{cc}_1 & \mathrm{apl}_1 & \mathrm{adeg}_1 & \cdots\\ \mathrm{sname}_2 & \mathrm{deg}_2 & \mathrm{cc}_2 & \mathrm{apl}_2 & \mathrm{adeg}_2 & \cdots\\ \vdots & \vdots & \vdots & \vdots & \vdots & \vdots\\ \mathrm{sname}_{\mathrm{TSnum}} & \mathrm{deg}_{\mathrm{TSnum}} & \mathrm{cc}_{\mathrm{TSnum}} & \mathrm{apl}_{\mathrm{TSnum}} & \mathrm{adeg}_{\mathrm{TSnum}} & \cdots\end{bmatrix}$$

其中，TSnum 表示觅食时间内静态拓扑关系的个数，sname 表示静态拓扑关系名称，deg 表示拓扑关系直径，cc 表示聚类系数，apl 表示平均路径长度，adeg 表示平均度。另外，也可以根据此描述方法增加拓扑关系所需参数。

④ **TD**：整个群落所有动态拓扑关系的集合。

$$\mathbf{TD}=\begin{bmatrix}\mathrm{TD}_1\\ \mathrm{TD}_2\\ \vdots\\ \mathrm{TD}_{\mathrm{TDnum}}\end{bmatrix}=\begin{bmatrix}\mathrm{dname}_1 & \mathrm{function}_1 & \mathrm{Iupdate}_1 & \cdots\\ \mathrm{dname}_2 & \mathrm{function}_2 & \mathrm{Iupdate}_2 & \cdots\\ \vdots & \vdots & \vdots & \vdots\\ \mathrm{dname}_{\mathrm{TDnum}} & \mathrm{function}_{\mathrm{TDnum}} & \mathrm{Iupdate}_{\mathrm{TDnum}} & \cdots\end{bmatrix}$$

其中，TDnum 表示觅食时间内动态拓扑关系的个数，dname 表示动态拓扑关系名称，function 表示邻域函数，Iupdate 表示个体状态更新方式。动态拓扑关系有时很难用邻域函数表示，此时，也可以根据此描述方法增加特殊拓扑关系所需参数。目前研究较多的静态拓扑结构有星形结构、环形结构、冯·诺依曼结构、随机结构及小世界网络结构等。

⑤ A_{ik}：表示第 k 个时间点个体 i 的邻域关系。

$$A_{ik}=(X_i^k,\boldsymbol{\Psi}_p^k)$$

$$\boldsymbol{\Psi}_p^k=\{\boldsymbol{\Psi}_{1,a}^k,\boldsymbol{\Psi}_{2,b}^k,\cdots,\boldsymbol{\Psi}_{p,\cdots}^k\}$$

其中，X_i^k 表示第 k 个时间点个体 i 的属性，$\boldsymbol{\Psi}_p^k$ 是与个体 A_{ik} 存在协作关系的其他个体集合，p 是此集合中的个数总数目，$a,b,\cdots$ 表示每个个体在整个个体集合中的序号，假设个体总数为 I，$1\leqslant a,b,\cdots\leqslant I$。

⑥ P_{jk}^n 表示第 k 个时间点第 n 层第 j 个群体的邻域关系。

$$P_{jk}^n=(P_j^{n,k},S_Q^k)$$

$$S_Q^k=\{S_{1,a}^k,S_{2,b}^k,\cdots,S_{Q,\cdots}^k\}$$

其中，$P_j^{n,k}$ 表示第 k 个时间点第 n 层第 j 个群体的属性，S_Q^k 表示与群体 P_{jk}^n 存在协作关系的其他群体集合，Q 是此集合中的群体总数目。

(6) 协同进化。

$$\mathrm{Coevolution}=\{\mathrm{Sym}\},\quad \mathrm{Sym}=\{\mathrm{unitA}_i\}=(\{\mathrm{signa}\},\{\mathrm{unitB}\},\{\mathrm{signb}\})$$

2.5.2　多蜂群协同进化优化算法流程设计

基于层次型信息交流机制的多蜂群协同进化优化算法的伪代码如图 2-10 所示，MCABC 算法流程如图 2-11 所示。

1. 设置参数
  设置最大循环次数(MNC)
  设置迭代次数 T=1
  设置信息交换的循环次数 $T_{exchange}$
  设置“limit”值
2. 初始化
  产生 n 个随机的初始化蜂群，每个蜂群有 m 个个体
  根据个体适应度对群落中每个种群个体进行排序
3. 循环
WHILE(T<= MNC)
  FOR(每个种群)
    /* 雇佣蜂阶段 */
    产生新解的解集 EQ_{cycle}，形成新结合的蜂群 $ER_{cycle}=P_{cycle}\cup EQ_{cycle}$
    根据适应度对种群 ER_{cycle} 进行排序
    利用拥挤距离算子 $\prec_n$ 从蜂群 ER_{cycle} 选择 m/2 个最好的个体形成新的蜂群 P_{cycle}
    /* 观察蜂阶段 */
    产生新解的解集 OQ_{cycle}，然后形成新的结合的蜂群 $OR_{cycle}=P_{cycle}\cup OQ_{cycle}$
    根据适应度对种群 OR_{cycle} 进行排序
    利用拥挤距离算子 $\prec_n$ 从蜂群 OR_{cycle} 选择 m/2 个最好的个体形成新的蜂群 $P_{cycle}+1$
    /* 侦查蜂阶段 */
    IF(在“limit”循环次数以后，蜜源质量没有改进)
    放弃这个蜜源，用随机产生的新解代替原有的蜜源
    END IF
  END FOR
  WHILE($T_{exchange}$ | T)
    为每个种群准备发送列表和替换列表，然后进行个体交换
  END WHILE
  T=T+1
END WHILE

注：P_{cycle} 表示群落的种群；EQ_{cycle} 和 OQ_{cycle} 分别表示新产生的雇佣蜂和观察蜂的种群；ER_{cycle} 和 OR_{cycle} 分别表示新结合的雇佣蜂和观察蜂的种群。

图 2-10　MCABC 算法的伪代码

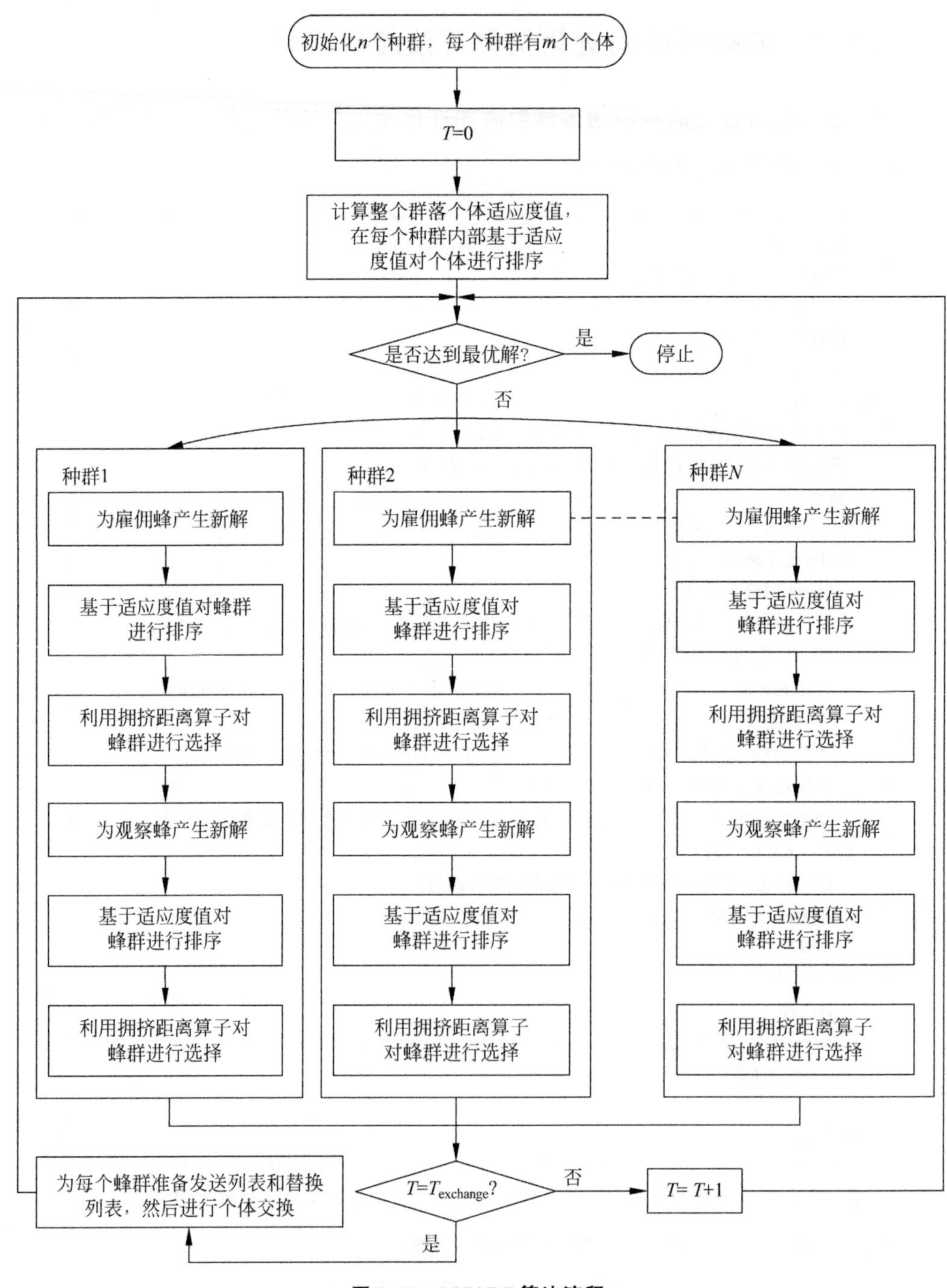

图 2-11 MCABC 算法流程

2.6 蜂群协同进化算法性能测试与分析

为了测试基于不同拓扑结构的蜂群协同进化算法的性能，本章选择了一组常用的标准函数测试组，即 rosenbrock、ackley、rastrigrin 和 griewank 函数。其中，rosenbrock 是较为复杂的单峰函数，ackley、rastrigrin、griewank 为多峰函数。

为了深入分析不同拓扑结构 MCABC 算法变种的性能，本实验研究分为两个步骤：首先测试基于平面拓扑结构的单蜂群优化算法性能，然后进一步测试基于层次型信息交流机制的多蜂群优化算法性能。将所有 MCABC 变种与经典 ABC 算法进行比较。

在测试中，所有函数的维度为 30 维，每次运行 30 次，算法终止的条件为满足最大迭代次数 1000，所有算法的种群为 120，对于 MCABC 算法，个体交换频率为 50 代。在 ABC 和 MCABC 蜂群中，雇佣蜂和侦查蜂的个数为种群的一半，侦查蜂数量为 1，limit＝10。

2.6.1 基于平面拓扑结构的单蜂群优化算法测试

单蜂群算法收敛曲线比较(原始 ABC 算法结构、星形结构、环形结构、冯·诺依曼结构和随机结构在 ackley、griewank、rastrigrin 和 rosenbrock 四种典型函数下的比较)如图 2-12 所示，所有单蜂群算法的测试结果见表 2-3。

从优化结果可以看出，对于所有测试函数，基于平面拓扑结构的单蜂群觅食优化算法均能给出优于基本 ABC 算法的求解精度与收敛速度。这证明了在基于蜂群觅食行为的智能优化算法中引入信息交流拓扑结构是可行的，也是有效的。值得指出的是，除了 rosenbrock 函数，MCABC 算法均能搜索到其他三个函数的全局最优解。其中，rosenbrock 函数被称为“香蕉问题”，其全局最优解隐藏在了一条狭长扁平的通道中。发现通道并不是很困难，难的是发现通道中的最优点。对于 rosenbrock 函数，MCABC 算法仍然能取得较好的次优解。

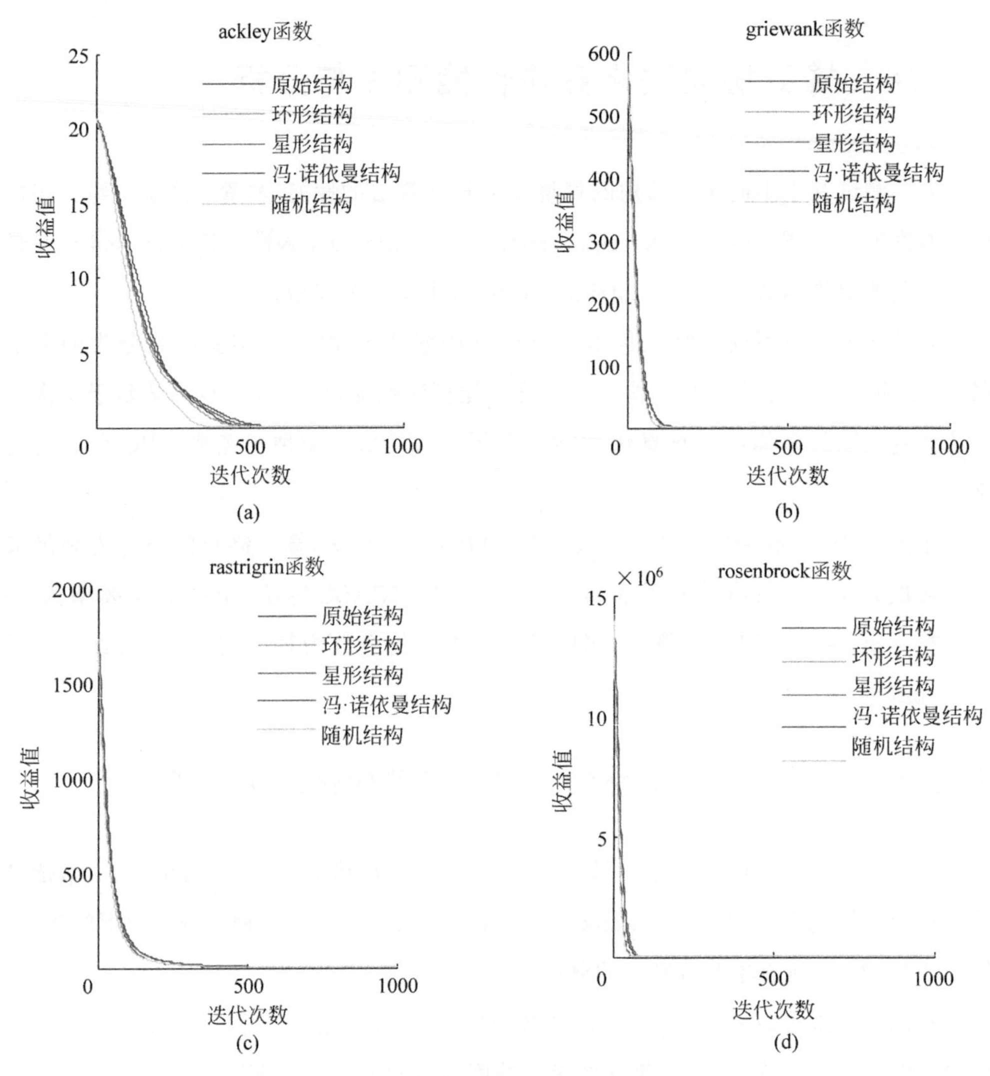

图 2-12 单蜂群算法收敛曲线比较

表 2-3 单蜂群算法的测试结果

测试函数（30 维）	标准值	ABC 算法	MCABC 算法		
			swarm＝star	swarm＝ring	swarm＝Von
griewank [－600,600]	均值	1.6273e－8	1.7303e－7	2.7532e－6	1.2147e－10
	最优值	3.1460e－11	7.6511e－16	1.2982e－9	8.6487e－15
	最差值	1.4441e－7	4.9500e－6	6.3642e－5	1.9885e－9
	标准偏差	2.8923e－8	8.9541e－7	1.2380e－5	3.6004e－10

续表

测试函数 (30维)	标准值	ABC算法	MCABC算法		
			swarm=star	swarm=ring	swarm=Von
rastrigrin [−15,15]	均值	2.4766e−6	1.4096e−9	0.1429	2.3688e−9
	最优值	3.8335e−10	3.2737e−13	1.2496e−10	2.8622e−13
	最差值	7.7334e−5	2.7551e−8	1.0025	6.4336e−8
	标准偏差	1.2284e−5	5.8020e−9	0.3448	8.7053e−9
rosenbrock [−15,15]	均值	0.5041	6.5236	0.5825	0.2072
	最优值	0.0246	3.6693e−4	0.0228	0.0052
	最差值	1.7934	72.2401	2.5039	1.6568
	标准偏差	0.4947	16.3507	0.6349	0.3449
ackley [−32.768, 32.768]	均值	8.6582e−6	5.6954e−9	7.1544e−6	3.9071e−8
	最优值	2.3003e−6	1.3062e−9	1.1817e−6	1.4246e−8
	最差值	2.2546e−5	1.1141e−8	1.4278e−5	6.0353e−8
	标准偏差	4.2249e−6	2.2589e−9	3.1132e−6	1.2102e−8

2.6.2 基于层次型信息交流机制的多蜂群优化算法测试

在基于层次型信息交流机制的多蜂群优化算法中，种群间拓扑结构分为环形结构(ring)、星形结构(star)和冯·诺依曼(Von)结构。

以环形结构为基础，结合其他不同拓扑结构在4种测试函数下的收敛曲线如图2-13所示，多蜂群算法(以环形结构为基础)的测试结果见表2-4；图2-14是以星形结构为

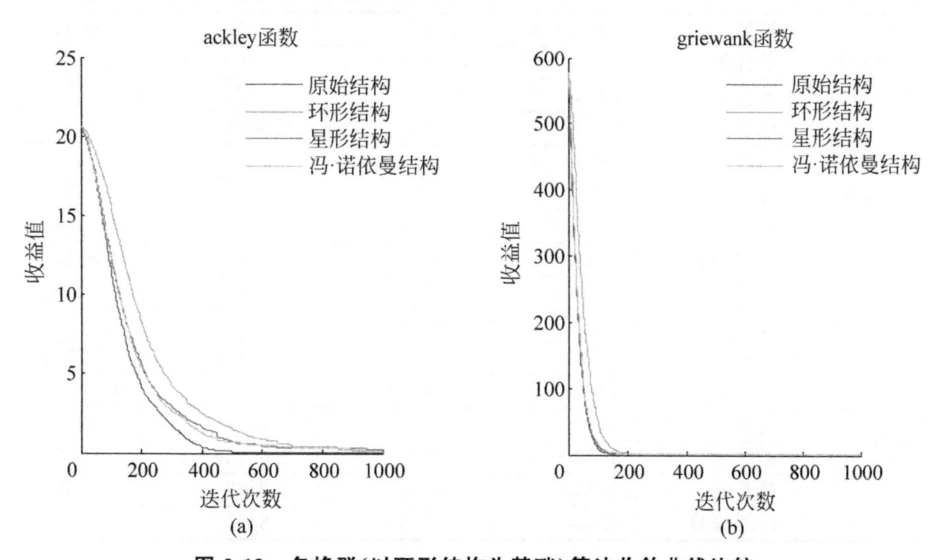

图2-13　多蜂群(以环形结构为基础)算法收敛曲线比较

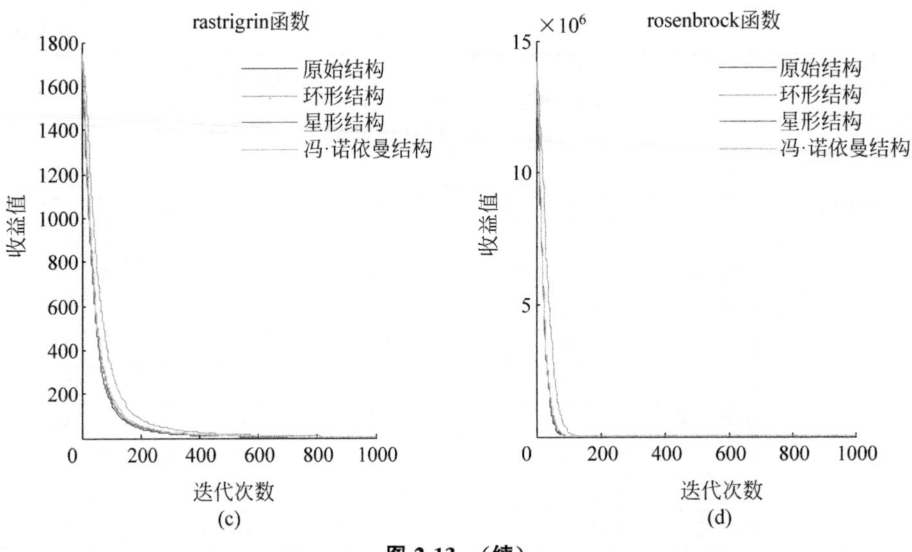

图 2-13 （续）

基础，结合其他不同拓扑结构的收敛曲线，多蜂群算法（以星形结构为基础）的测试结果见表 2-5；图 2-15 是冯·诺依曼结构与星形结构在四种测试函数下的收敛曲线，多蜂群算法（冯·诺依曼结构）的测试结果见表 2-6。

表 2-4 多蜂群算法（以环形结构为基础）的测试结果

测试函数（30 维）	标准值	ABC 算法	MCABC 算法		
			colony=ring swarm=star	colony=ring swarm=ring	colony=ring swarm=Von
griewank [−600,600]	均值	2.5273e−8	0.0073	0.0072	0.0031
	最优值	3.0460e−11	8.2149e−15	4.5190e−9	2.6626e−12
	最差值	1.3442e−7	0.0518	0.0271	0.0272
	标准偏差	2.9913e−8	0.0133	0.0088	0.0073
rastrigrin [−15,15]	均值	2.3866e−6	1.3092	4.0625	3.5518
	最优值	3.8335e−10	2.3282e−8	8.4399e−4	2.3533e−7
	最差值	6.7334e−5	4.9748	15.0086	22.1309
	标准偏差	1.2383e−5	1.3465	3.4349	4.8515
rosenbrock [−15,15]	均值	0.5050	8.3749	15.3915	21.5820
	最优值	0.0255	0.0028	0.2528	0.0618
	最差值	1.6933	67.2662	75.3671	176.5261
	标准偏差	0.4945	17.1162	25.4345	41.7330
ackley [−32.768, 32.768]	均值	7.6581e−6	0.0141	0.1423	0.0907
	最优值	1.3002e−6	4.8978e−8	2.0973e−5	3.5232e−7
	最差值	2.2645e−5	0.4260	1.2362	1.2459
	标准偏差	4.2348e−6	0.0778	0.3457	0.2812

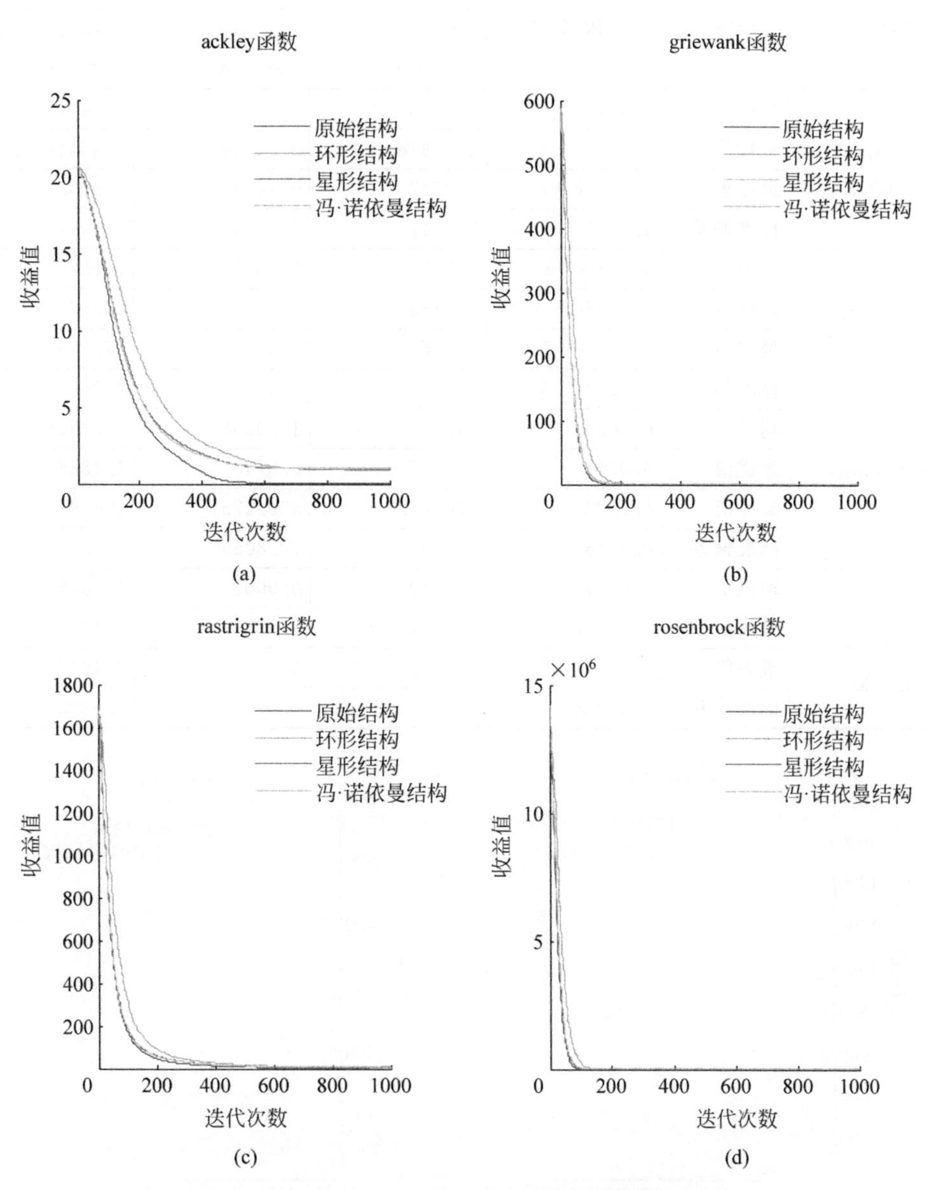

图 2-14　多蜂群(以星形结构为基础)算法收敛曲线比较

表 2-5 多蜂群算法(以星形结构为基础)的测试结果

测试函数(30 维)	标准值	ABC 算法	MCABC 算法		
			colony=star swarm=star	colony=star swarm=ring	colony=star swarm=Von
griewank [−600,600]	均值	1.4273e−8	0.0166	0.0170	0.0497
	最优值	1.0460e−11	2.9191e−14	3.6484e−9	3.4651e−11
	最差值	1.2441e−7	0.0757	0.1102	0.5038
	标准偏差	1.9923e−8	0.0217	0.0235	0.0947
rastrigrin [−15,15]	均值	1.3766e−6	1.3505	6.0587	6.5821
	最优值	2.7335e−10	1.1183e−6	1.3299	0.9967
	最差值	5.7333e−5	4.9760	9.9767	17.1938
	标准偏差	1.1283e−5	1.0069	2.2685	3.0939
rosenbrock [−15,15]	均值	0.5030	21.3639	42.9268	47.8611
	最优值	0.0244	0.1352	0.8745	1.4856
	最差值	1.7932	134.4125	390.6751	194.9811
	标准偏差	0.4846	34.8568	70.8059	43.8585
ackley [−32.768, 32.768]	均值	8.6481e−6	0.0310	0.9005	1.0616
	最优值	1.3002e−6	5.6034e−8	3.3395e−5	8.4944e−5
	最差值	1.2545e−5	0.9312	3.2368	2.4908
	标准偏差	3.2248e−6	0.1710	0.8110	0.6322

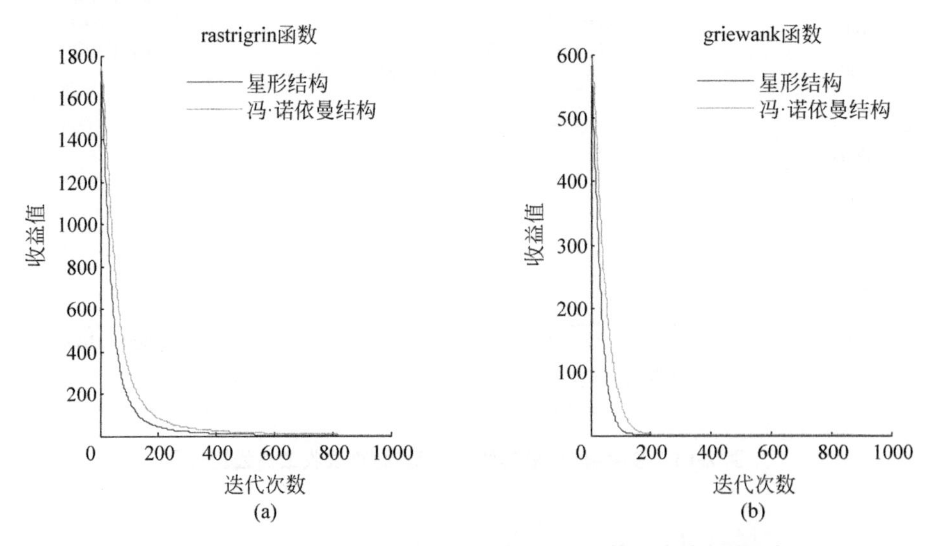

图 2-15 多蜂群(冯·诺依曼结构与星形结构)算法收敛曲线比较

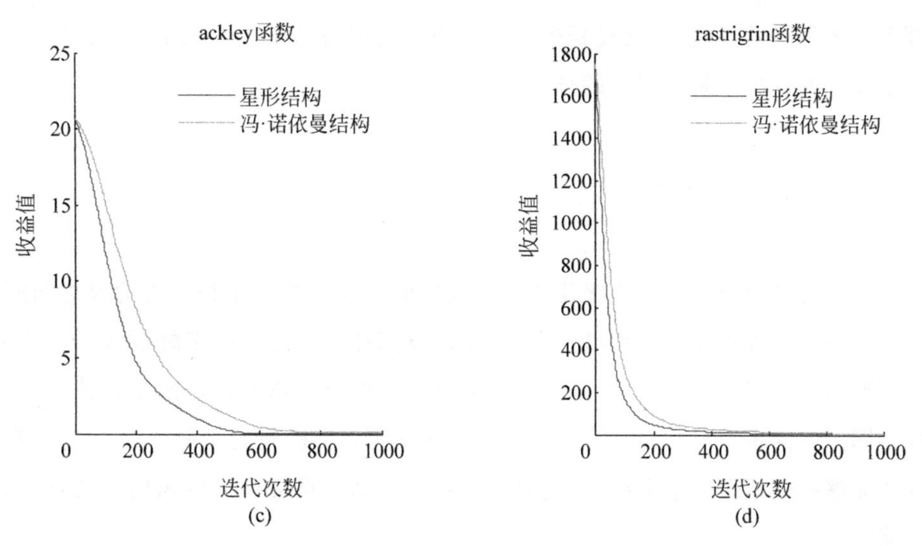

(c)　(d)

图 2-15　（续）

表 2-6　多蜂群算法（冯·诺依曼结构）的测试结果

测试函数（30 维）	标准值	ABC 算法	MCABC 算法		
			colony＝Von swarm＝star	colony＝Von swarm＝ring	colony＝Von swarm＝Von
griewank 函数 [−600,600]	均值	14273e−8	0.0072	0.0101	0.0140
	最优值	1.0460e−11	3.4151e−10	7.9085e−9	8.2731e−8
	最差值	1.2441e−7	0.0418	0.0604	0.0588
	标准偏差	2.8923e−8	0.0114	0.0160	0.0168
rastrigrin 函数 [−15,15]	均值	1.3766e−6	1.3122	4.2856	2.2883
	最优值	2.7335e−10	5.5651e−7	3.2397e−4	0.2496
	最差值	6.7353e−5	2.9905	9.4450	4.9758
	标准偏差	1.2283e−5	0.9843	1.9918	1.2732
rosenbrock 函数 [−15,15]	均值	0.5040	4.2007	9.0638	18.9511
	最优值	0.0235	0.0234	0.0106	0.0170
	最差值	1.7923	35.9515	59.8923	185.7712
	标准偏差	0.4846	6.6047	14.0280	37.3550
ackley 函数 [−32.768, 32.768]	均值	7.6581e−6	1.4172e−4	0.1207	8.7281e−6
	最优值	1.3002e−6	2.8160e−7	1.3912e−5	2.2292e−6
	最差值	1.2545e−5	0.0025	0.9312	1.2455e−5
	标准偏差	3.2248e−6	4.7552e−4	0.2717	1.2328e−6

通过上述研究，可以得出基于层次型信息交流机制的多蜂群协同进化算法是一种性能优越的优化算法，与经典 ABC 算法相比，它在收敛速度、求解精度与稳定性等方

面都有很大程度的提高，进化过程中种群间的层次型信息拓扑交流结构与协同机制对算法多样性的保持起到了很大的作用。

2.7 本章小结

基于蜂群觅食行为的智能优化算法的改进研究仍未涉及拓扑结构的改进问题，协同进化机制的引入将在一定程度上，拓展层次型拓扑结构网络的多蜂群协同进化觅食优化模型的研究深度与广度。为此，本章通过对自然界生物群落层次型拓扑结构与多种群协同进化的模拟与分析，提出基于层次型信息交流机制的多蜂群协同进化算法，该算法能够有效地保持整个群体的多样性，提升了基于觅食行为生物启发式算法的优化性能。

第3章 基于生命周期的菌群觅食自适应优化

CHAPTER 3

本章在传统细菌觅食优化算法的基础上，从能量变化角度对细菌构建基于生命周期的优化模型，研究如何模拟生命周期中的趋化、繁殖、迁移、群体感应等行为模式，从而提出了兼顾觅食优化和群体行为特性的基于生命周期的菌群觅食自适应优化算法(life-cycle bacterial colony foraging-optimization algorithm，LCBFA)。仿真实验表明，本章建立的大肠杆菌菌群优化模型，符合微生物生命周期变化规律，同时实验结果表明，LCBFA 具有显著的优化性能，甚至在高维问题求解上明显优于一些经典生物启发式优化算法。

本章首先介绍了传统的人工细菌优化算法模型，然后，以大肠杆菌作为研究对象，提出了生命周期模型(life cycle model，LCM)理论。在 LCM 的基础上，结合基于生命周期的自适应优化策略，提出了基于生命周期的菌群觅食自适应优化算法，进行了相关的实验测试仿真，并与其他的算法进行了性能比较。

3.1 人工细菌优化算法的基本模型

人工细菌优化算法是 LCM 的核心。人工细菌个体与其他个体交流，同时与环境交流，在交流的过程中学习或积累经验，并根据学习或经验的积累得到的信息，改变自身的行为状态与行为方式，从而使整个 LCM 系统产生涌现现象，如群体的聚集与迁移。人工细菌个体被定义为主动的、活的实体，用集合表示如下：$S=\{S_i \mid i=1,2,\cdots,P\}$，其中 $S_i=\{B_i,E_i,A_i,T_i,M_i,R_i,O_i\}$，属性描述见表 3-1，人工细菌觅食优化(BFO)算法步骤见图 3-1。

表 3-1 人工细菌的属性描述

名称	具体说明
B_i	代表细菌 i 的当前位置
E_i	代表细菌 i 当前的能量值
A_i	代表细菌 i 当前的年龄
T_i	代表细菌 i 当前状态，如成熟、消亡等
M_i	代表细菌 i 当前行为模式，如直行或翻转状态
R_i	代表细菌 i 当前处于直行时的步长
O_i	代表细菌 i 当前处于翻转时的角度

```
初始化
计算细菌适应度值
While(终止条件不满足)
For 每个细菌
    根据当前位置确定翻转方向
    进行趋化操作，若有改进，则继续在该方向上前进一步(最大前进步数)
    判断是否分裂，若分裂，则复制该细菌进行下一个个体操作
    判断是否消亡，若消亡，则从种群中移除，进行下一个个体操作
    计算概率，判断是否要迁移，迁移后随机初始化细菌位置，进行下一个个体操作
End for
End while
```

图 3-1 BFO 算法步骤

人工细菌的这些属性状态随着菌群与环境之间的交互不断变化。人工细菌优化算法模型如图 3-2 所示。

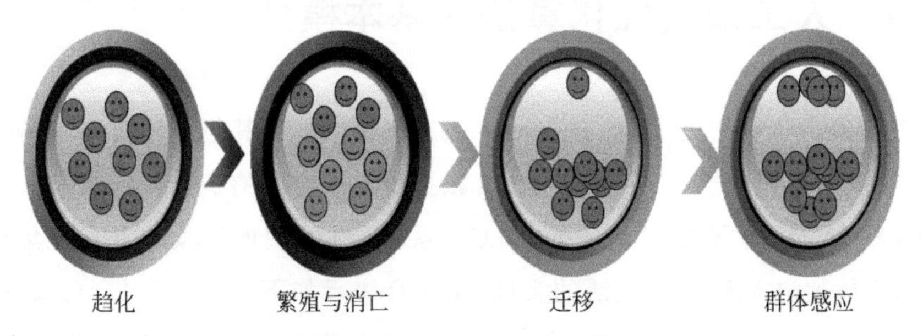

图 3-2 人工细菌优化算法模型

下面以大肠杆菌为例进行说明。

3.1.1 趋化行为

趋化是大肠杆菌在觅食过程中的一种重要行为，大肠杆菌的趋化现象可以简化为如图3-3所示的细菌趋化模型。

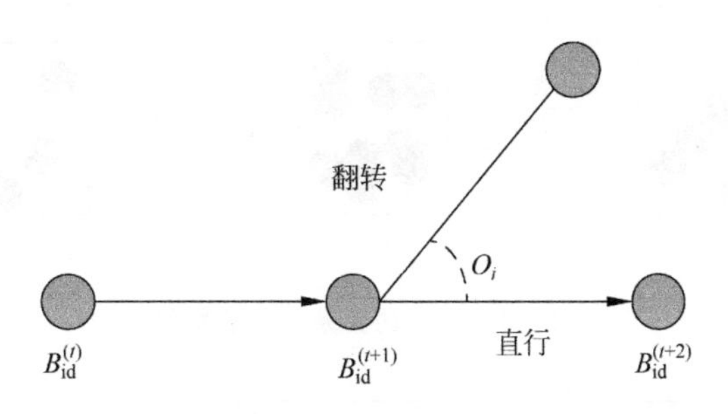

图3-3　细菌趋化模型

当大肠杆菌个体在直行时，根据式(3-1)进行位置更新

$$B_{id}(t+1)=B_{id}(t)+R_i(t) \tag{3-1}$$

当大肠杆菌个体在翻转时，根据式(3-2)进行位置更新

$$B_{id}(t+1)=B_{id}(t)+O_i(t) \tag{3-2}$$

翻转的角度通常是一个符合随机分布的随机角度。Berg和Brown等研究表明大肠杆菌平均的翻转角度是$68°\pm 36°$。随机设定翻转角度$O_i=2\arcsin(\psi)$，$\psi\in[-1,1]$。

3.1.2 繁殖与消亡

大肠杆菌通过细胞壁直接从环境中获得营养，当吸入足够的营养后，将其转换成能量，这些能量可以保证大肠杆菌复制DNA。大肠杆菌的繁殖遵照简单的细胞分裂，随着自身的生长不断变长，然后在其中部一分为二，变为两个相同的子代。如果给予合适的条件，大肠杆菌将每隔30分钟便进行一次繁殖行为。

为了描述这一过程，首先进行如下假设：

(1) 细菌生存的时间越长，其繁殖后代的机会越多；

(2) 当细菌获得更多食物后，其生命周期将会延长；

(3) 当细菌找不到食物时，其生命周期将会缩短。

在仿真中，首先设定能量初始化时的上、下限α和β，使所有的细菌个体能量限定在$[\alpha,\beta]$，t 为时间节点。然后在此范围内随机给每个细菌一定的初始能量，细菌通过不断地与环境交互获得能量或消耗能量。进行繁殖操作后，父代的能量和子代的能量均分。进行消亡操作时，将消亡的细菌直接从环境移走。繁殖与消亡过程的模型见图 3-4，具体实现伪代码如图 3-5 所示。

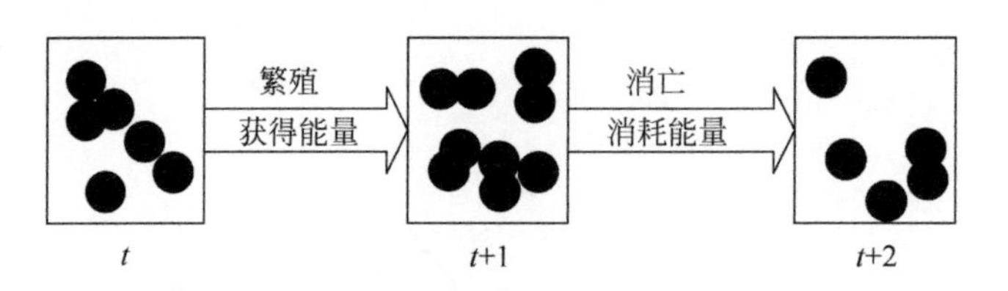

图 3-4 细菌的繁殖与消亡模型

```
FOR each alive bacteria i
    IF F(B_i(t+1))<F(B_i(t))                    //感知环境
        E(i)=E(i)+Benifits_from_action(i)
      IF P_r>rand() B_i(t+1)=B_i(t)+R_i(t) END
        IF E(i)≥β
          Division  //大肠杆菌分裂成两个相同的子代，一个位于原来父代的位置，
                    //另一个随机放置在环境中
          E_{P+1}(t+1)=E_i(t)/2;          //P为当前群体规模
          E_i(t+1)=E_i(t)/2
        END
      ELSE
          E(i)=E(i)-Costs_from_action(i)
        IF P_r>rand() B_id(t+1)=B_id(t)+O_i(t) END
          IF E(i)≤α
          Die                               //从人工环境中删除
                      E(i)=0
      END
    END
END
```

图 3-5 繁殖与消亡操作伪代码

3.1.3 迁移

外界环境对细菌的生存有着重要的影响，环境的突然变化会使菌群的活动产生巨

大的转变,甚至会使某个区域内的细菌全部死亡或者全部移动到另一个新的环境中生存。例如,细菌所处环境的温度突然上升可以毁灭整个细菌群体;细菌群体有可能在其他生物的影响下由一个环境迁移到另一个新的环境。

迁移操作就是模拟这个过程而设计的进化操作。迁移操作是按照给定的概率 P_m 发生的,如果某大肠杆菌个体满足迁移操作的条件,那么将此个体删除,重新生成一个新的个体,并将其随机移动到人工环境中某一新的位置。迁移过程的描述见图 3-6。

```
FOR each alive bacteria i
    IF Pm<rand()
Bi(t+1)=Bi(t)+(LB+(UB-LB)·rand()) //以一定的概率迁移到搜索域中，LB、UB
    //分别为人工环境范围的下界与上界
    END
END
```

图 3-6 迁移操作伪代码

群体感应是一种群体行为,这里不做详细介绍。

3.2 微生物种群演化动力学与优化策略

为了提高细菌觅食算法的性能,本章提出了基于生命周期的菌群觅食自适应优化算法。在该算法中,对细菌建立基于生命周期的优化模型,细菌在趋化觅食中获取或消耗营养,根据营养值动态地繁殖、死亡、迁移。与此同时,还采用了自适应的优化策略,提高算法的寻优能力。

3.2.1 微生物种群演化动力学

自然界中微生物的生存时间与环境关系极为密切,在合适的条件下,它能极快地进行分裂繁殖,种群规模快速增长;当环境恶劣时,会大量蛰伏甚至死亡,种群规模急剧下降。根据微生物的生长率不同,微生物种群生长曲线可分为以下 4 个时期:调整期、对数期、稳定期和衰亡期。微生物种群生长模型及曲线如图 3-7 所示,反映微生物种群从开始生长到死亡的动态变化过程。

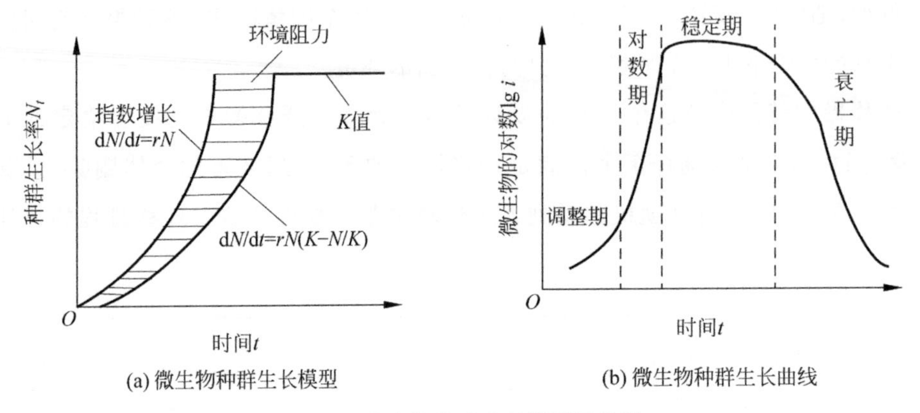

(a) 微生物种群生长模型

(b) 微生物种群生长曲线

图 3-7 微生物种群生长模型及曲线

J 形、S 形曲线和微生物群体生长曲线的关系见表 3-2。

表 3-2 J 形、S 形曲线和微生物种群生长曲线的区别与联系

阶段	区别与联系
调整期	刚刚进入某个区域的种群,对环境会进行短暂的调整和适应。种群生长率为零,细菌几乎不繁殖
对数期	营养物质丰富,生存环境均适宜,种内竞争不剧烈等导致微生物种群密度上升。种群生长率最快,微生物数以等比数列的形式增加(2^n),此阶段生长曲线表现为种群数量呈对数上升趋势,加上调整期,生长曲线呈 J 形
稳定期	微生物种群随着种群密度的增大,营养物的耗尽、营养物的比例失调等原因进入稳定期。在稳定期,由于环境阻力会明显加大,因此种群内竞争会明显加剧,K 值(种群密度)是环境所能负担的最高值。种群生长率几乎为零,繁殖率等于死亡率,此阶段生长曲线变得较为平缓,已不符合 J 形增长,加上调整期、对数期,整个生长曲线呈 S 形
衰亡期	营养物质过度消耗,外界环境对种群的继续生长越来越不利,阻力进一步加大,继而导致微生物数目急剧减少。种群生长率下降,繁殖率小于死亡率,此阶段生长曲线迅速下降

J 形生长曲线、S 形生长曲线和微生物种群生长曲线的关系概括如下:

(1) 研究范围:种群数量增长曲线用于研究种群数量增长阶段的动态演化规则。微生物群体生长曲线用于研究微生物从生长到死亡整个生命周期的数量变化规律。

(2) 纵轴表示的意义:微生物种群增长模型的纵轴表示种群生长率;微生物种群生长曲线的纵轴表示微生物数目的对数。

J 形生长曲线、S 形生长曲线和微生物种群生长曲线的联系概括如下：

(1) J 形曲线包括符合 S 形曲线的调整期与对数期。

(2) S 形曲线包括 3 个典型阶段：调整期、对数期和稳定期，其趋势与微生物种群生长曲线保持一致。

3.2.2 基于生命周期的菌群觅食自适应优化策略

1. 细菌营养值变化策略

令 E_i^t 表示第 i 个细菌在时刻 t 的能量。当 $t=0$ 时，所有的细菌随机赋予随机的能量 E_i^0，然后细菌开始在活动空间移动，获得能量或消耗能量 E_i^t 由式(3-3)决定：

$$E_i^t=\begin{cases}E_i^{t-1}+\text{Benifits\_from\_action}, & F(B_i^t)-F(B_i^{t-1})<0\\ E_i^{t-1}, & F(B_i^t)-F(B_i^{t-1})=0\\ E_i^{t-1}-\text{Costs\_from\_action}, & F(B_i^t)-F(B_i^{t-1})>0\end{cases} \tag{3-3}$$

细菌在环境中觅食时，会从环境中得到能量，而其在觅食过程中会消耗能量。定义细菌的总营养值在一次趋化觅食中的变化如下：当寻觅到更优位置时，细菌个体 i 的营养值加 1；否则认为此次觅食是不成功的，营养值减 1，如图 3-8 所示。

```
If(F(Xi(t+1)))<F(Xi(t))                //位置得到改进
    Ni(t+1)=Ni(t)+1                    //营养值加 1
Else
    Ni(t+1)=Ni(t)-1                    //营养值减 1
End
```

图 3-8　细菌营养值变化策略

这里定义细菌的能量值 E 为其适应度 fit 与营养值 N 的综合，计算见式(3-4)和式(3-5)。

$$H_i(t)=\frac{\text{fit}(X_i^t)-\text{fit}_{\text{worst}}^t}{\text{fit}_{\text{best}}^t-\text{fit}_{\text{worst}}^t} \tag{3-4}$$

$$E_i^t=\eta\frac{H_i(t)}{\sum_{j=1}^{S^t}H_j(t)}+(1-\eta)\frac{N_i(t)}{\sum_{j=1}^{S^t}N_j(t)},\quad \eta\in[0,1] \tag{3-5}$$

2. 细菌的分裂与消亡策略

当细菌的能量值达到一定的阈值，细菌会进行分裂繁殖，在原位置产生一个新个体，该种群大小因此加 1，同时认为在该次分裂中，细菌消耗了所有能量，原个体及新分裂出的个体营养值都归零，如图 3-9 所示。

当细菌的能量值低于一定值时，细菌便会消亡，该个体将从种群中移除，种群大小减 1，如图 3-10 所示。

```
If (E_i > E_s)              //达到分裂条件
    N_i = 0                 //营养值归零
    X_{S+1} = X_i           //分裂出一个新个体
    S = S+1                 //种群大小加 1
End
```

图 3-9 细菌分裂策略

```
If (E_i < E_d)              //达到死亡条件
    X_i = []                //从种群中移除
    S = S-1                 //种群大小减 1
End
```

图 3-10 细菌消亡策略

因此在对细菌建立的基于生命周期优化模型中，种群大小是动态变化的。随着算法的运行，当前种群大小会变化。但是考虑极端情况，当种群大小减小到 0 时，算法无法继续运行；当种群过大时，也会使算法由于计算量过大而难以进化收敛。

为了避免当前种群变得过大或过小，将上述策略加入自适应调整规则更改如下。

3. 自适应细菌分裂策略

自适应细菌分裂策略如图 3-11 所示。

```
If E_i^t > max(E_split, E_split + (S^t - S)/E_adapt)     //达到分裂条件
    N_i = 0                                               //营养值归零
    X_{S+1} = X_i                                         //分裂出一个新个体
    S = S+1                                               //种群大小加 1
End
```

图 3-11 自适应细菌分裂策略

4. 自适应细菌消亡策略

自适应细菌消亡策略如图 3-12 所示。

```
If E_i^t < min(0, (S^t − S)/E_adapt)      //达到死亡条件
    X_i = []                               //从种群中移除
    S = S − 1                              //种群大小减 1
End
```

图 3-12　自适应细菌消亡策略

其中，E_{split} 和 E_{adapt} 为自适应种群规模调整参数，用来控制分裂阈值和死亡阈值。该策略更加符合自然规律，即生物的种群演化会受到其生存环境变化的影响。当种群环境拥挤时，竞争大于合作，种群中个体会倾向于死亡；当种群环境宽松时，个体的合作大于竞争，更加易于繁殖。通过该策略将细菌种群的大小维持在一个相对稳定的范围内。

此外，如果一个细菌能量值较低但尚未完全死亡，在本模型中，该细菌以一定概率进行迁移操作，即随机移动至觅食空间中的另一个位置。细菌进行繁殖或迁移操作后，新生细菌进入初始状态，重启其觅食过程。在模型中，细菌在觅食过程中的状态转换如图 3-13 所示。

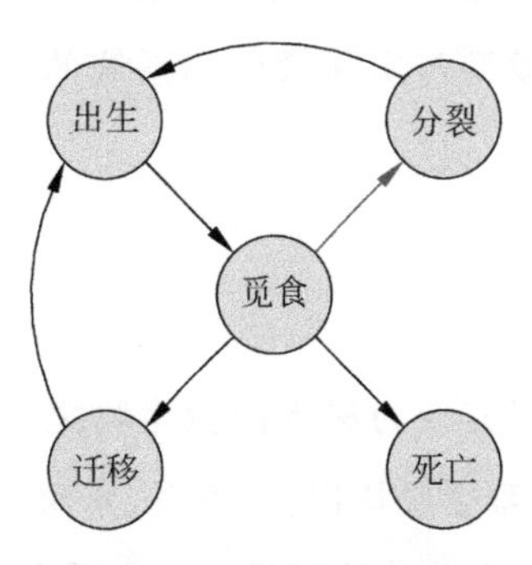

图 3-13　细菌状态转换

依据上述种群演化规则，理想状态的细菌种群规模变化曲线如图 3-14 所示。在拥挤环境中，个体之间的竞争激烈，因此细菌会更倾向于死亡而非繁殖，该种群大小随之减小（衰减期），并趋于稳定（稳定期），如图 3-14(a)所示。之后，由于种群大小减小，竞争也减小，细菌又开始适应性地倾向于繁殖（上升期）。在宽松环境中，细菌很容易进

行繁殖，因而种群大小在初期迅速增加（兴盛期），接着种群达到了饱和点，竞争加剧，种群大小又开始减小（下降期），如图 3-14(b)所示。

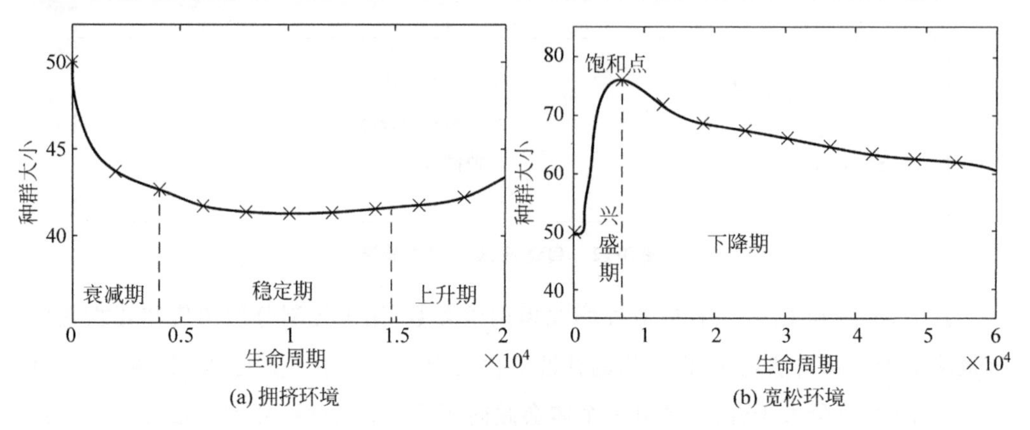

图 3-14 细菌种群规模变化

3.3 基于生命周期的菌群觅食自适应优化模型与算法流程

本章借鉴微生物学最新研究成果，从能量变化角度对细菌构建基于生命周期的优化模型，通过实验仿真，验证模型与实际微生物系统的一致性，并进一步建立 LCBFA 的多阈值分割算法。

3.3.1 优化模型

大肠杆菌是微生物学中研究较为深入的微生物之一，将其作为研究对象，尽管不同种类的生物寿命不同，但是都会经历出生、发育、繁殖、死亡几个阶段。

大肠杆菌的生命周期可以分为 3 个阶段：自由觅食游动阶段、获取营养生长阶段及缺乏营养死亡阶段。

在传统的大肠杆菌生命周期中的行为研究多是利用数学计算的方法，而数学模型有其固有的局限性。在这种建模方法中，需要了解大肠杆菌行为的整体属性，并对其进行简化和抽象，这种模型的简单化、理想化往往使得通过数学推理方法得到最终结果有悖于真实生物系统。另外，在数学计算之前需要设置一些初始条件，这些静止不变的假设条件对复杂动态的生物系统来说也是不太合理的。

本章从分析大肠杆菌个体的行为出发，通过对细菌个体行为的建模、仿真，为这些个体抽象出可用于计算机编程的规则。之后，将其群体在计算中相互作用，并实现菌群整体行为的宏观表现。

基于上述方法，对细菌生命周期行为仿真的 LCM 由三个基本元素构成：个体(agent)、环境(environment)与规则(rule)。用集合表示为 LCM$=\{A,E,R\}$，其中，$A=\{A_1,A_2,\cdots,A_N\}$，包含 N 个人工细菌群体；E 为人工环境，由一个分布了食物资源的 D 维空间构成，人工细菌在这样的空间进行生存、交互、繁殖与进化；R 表示细菌与细菌或环境之间的交互规则。整个 LCM 系统结构如图 3-15 所示。

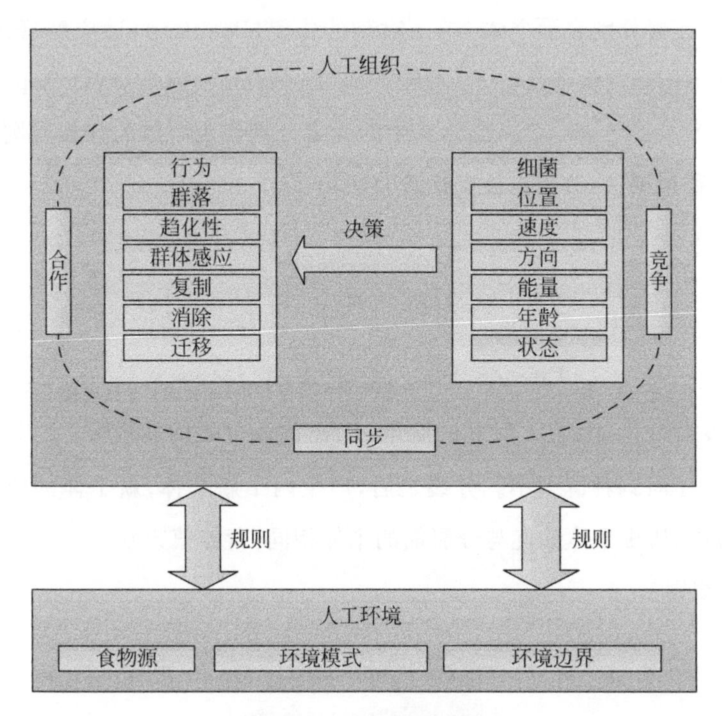

图 3-15　LCM 系统结构

LCM 更加注重对个体的充分描述，在这种建模方法中，虽然所有个体遵循的规则是相同的，但是个体的状态不一定完全相同，因此对特定的个体也可以进行适当的控制和跟踪。概而言之，就是个体的独立性得到了加强。基于个体的建模方法加强了个体的描述和控制，使得个体更有“个性”，这在一定程度上避免了基于群体建模方法的缺点。

LCBFA 算法的进化模型由个体层和群体层构成，并基于如下定义：

LBCFO＝(Individual，Population，Environment，Topology)

1. 个体层

个体层定义如下：

$$\text{Individual}=\{\text{Individual}_1,\text{Individual}_2,\cdots,\text{Individual}_m\}$$

其中，第 i 个个体可表示为：

$$\text{Individual}_i^t=\{\text{Position}_i^t,\text{Fitness}_i^t,\text{Nutrition}_i^t,\text{State}_i^t,\text{Direction}_i^t,\text{Step}_i^t,\text{BHV}_i\}$$

(1) 规则的制定。

集合中各元素分别表示个体 i 在 t 时刻的位置(Position)、适应度(Fitness)、获取的营养值(Nutrition)、状态(State)、翻转方向(Direction)、行进步长(Step)和行为规则(BHV)。$\text{BHV}_i=\{C_{\text{re}},C_{\text{e}},C_{\text{m}},C_{\text{s}}\}$，其中的元素分别代表个体的分裂规则(Cre)、消亡规则(Ce)、迁移规则(Cm)和步长变化策略(Cs)。

① 分裂规则：

$$E_i^t>\max\left(E_{\text{split}},E_{\text{split}}+\frac{S^{t-1}-S}{E_{\text{adapt}}}\right)\tag{3-6}$$

$$\text{Energy}_i^t=0,\quad A=[A,A_i]\tag{3-7}$$

其中，E_i^t 代表第 i 个细菌在 t 时刻的能量，E_{split} 代表分裂的能量值。S 为初始种群大小，S^{t-1} 为 $t-1$ 时刻种群大小。分裂之后，产生两个新个体，新个体的位置、适应度、步长、翻转方向，历史个体最优与分裂前的个体相同，营养值归 0。

② 消亡规则：

$$E_i^t<\min\left(0,\frac{S^{t-1}-S}{E_{\text{adapt}}}\right)\tag{3-8}$$

$$A_i=[A_1,A_2,\cdots,A_N]\tag{3-9}$$

其中，E_{adapt} 代表消亡能量值，假设有 N 个人工细菌群体，A_i 代表第 i 个人工细菌群体。

③ 迁移规则：

$$\text{Nutrition}_i^t<0\cup\text{rand}(1,\text{dim})<P_{\text{e}}\tag{3-10}$$

$$\text{Position}_i^{t+1}=L_{\text{d}}+\text{rand}(1,\text{dim})\times(U_{\text{d}}-L_{\text{d}})\tag{3-11}$$

其中，Nutrition_i^t 代表第 i 个细菌在 t 时刻的营养值，dim 代表维度，P_e 代表给定概率，Position_i^{t+1} 代表第 i 个细菌在 $t+1$ 时刻的位置，L_d、U_d 分别代表人工环境范围的下界和上界。

④ 步长变化策略：

$$\text{Step}^t = \text{Step}_s - (\text{Step}_s - \text{Step}_e) \times \text{evaluationnow}/\text{maxevaluation} \tag{3-12}$$

其中，Step^t 代表 t 时刻的步长，Step_s 和 Step_e 分别为初始步长和最终步长，evaluationnow 和 maxevaluation 分别为当前函数评估次数与最大评估次数，即步长随着评估次数线性下降。

(2) 人工环境的设计。

人工环境的设计是 LCM 中一个重要的环节，通过人工细菌个体与环境的相互作用，每个细菌个体的变化将构成整个系统变化的基础，因此对细菌的宏观和微观行为加以统一考察。

为了表示人工环境，假设人工环境中布满了有限的食物资源，在环境中每个食物源浓度的大小并不相同。假设 B_{id} 表示细菌的位置，定义函数 $F(B_{id})$ 表示其所在位置的食物浓度。

令 $F(B_{id})>0 \Rightarrow \text{noxious}$，$F(B_{id})=0 \Rightarrow \text{neutral}$，$F(B_{id})<0 \Rightarrow \text{food}$ 分别表示细菌处于不利环境、中性环境和有利环境。人工环境可以是静态的，也可以是动态的，这由 $F(B_i)$ 函数的性质决定。

在自然生态系统中，细菌在成千上万年的进化过程中显示了复杂环境中的生存能力，这个过程优化了细菌觅食策略。一个极为重要的觅食策略便是通过最大化平均能量获得新陈代谢的花费，因此我们引入了能量的概念来评价细菌的行为。

2. 群体层

群体层定义如下：

$$\text{Population} = \{\text{OPT}, \text{PBHV}, N\}$$

其中，OPT 为群内最优个体；PBHV 表示群内个体间行为，$\text{PBHV}=\{C_c\}$ 代表利用群体信息实现的个体趋化规则；N 为种群大小。

(1) 趋化规则 C_c。

$$\text{Direction}_i^{t+1} = \text{rand}(1,\text{dim}) \times (\text{Position}_{\text{best}} - \text{Position}_i^t) + \text{rand}(1,\text{dim}) * (\text{Position}_{i,\text{pbest}} - \text{Position}_i^t) \tag{3-13}$$

$$\text{Position}_i^{t+1} = \text{Position}_i^t + \text{Step}_i^{t+1} \times \text{Direction}_i^{t+1} \tag{3-14}$$

其中,$\text{Position}_{\text{best}}$ 表示全局历史最优,$\text{Position}_{i,\text{pbest}}$ 表示个体 i 历史最优,rand(1,dim)为随机向量,dim 为所求解问题的维度。

(2) 环境。

环境由优化函数定义。

(3) 拓扑结构。

Topology=(TS),TS 表示此算法静态拓扑的全互连结构。

3.3.2 算法流程

基于生命周期的菌群觅食优化算法的具体实现步骤见图 3-16,流程如图 3-17 所示。

```
初始化
    计算细菌适应度
While(终止条件不满足)
    For 每个细菌
    设置全局步长
    随机翻转方向
    进行趋化操作,若有改进,则继续在该方向上前进一步(最大前进步数),每次适应度增加,
营养值加 1;否则,营养值减 1
    根据自适应种群变化规则判断是否繁殖。若繁殖,则该细菌进行分裂,平分能量值,年龄归
1,进行下一个个体操作
    根据自适应种群变化规则判断是否死亡。若死亡,则从种群中移除,进行下一个个体操作
    计算概率,判断是否迁移,迁移后年龄归 1,进行下一个个体操作
  End for
End while
```

图 3-16 LCBFA 实现步骤

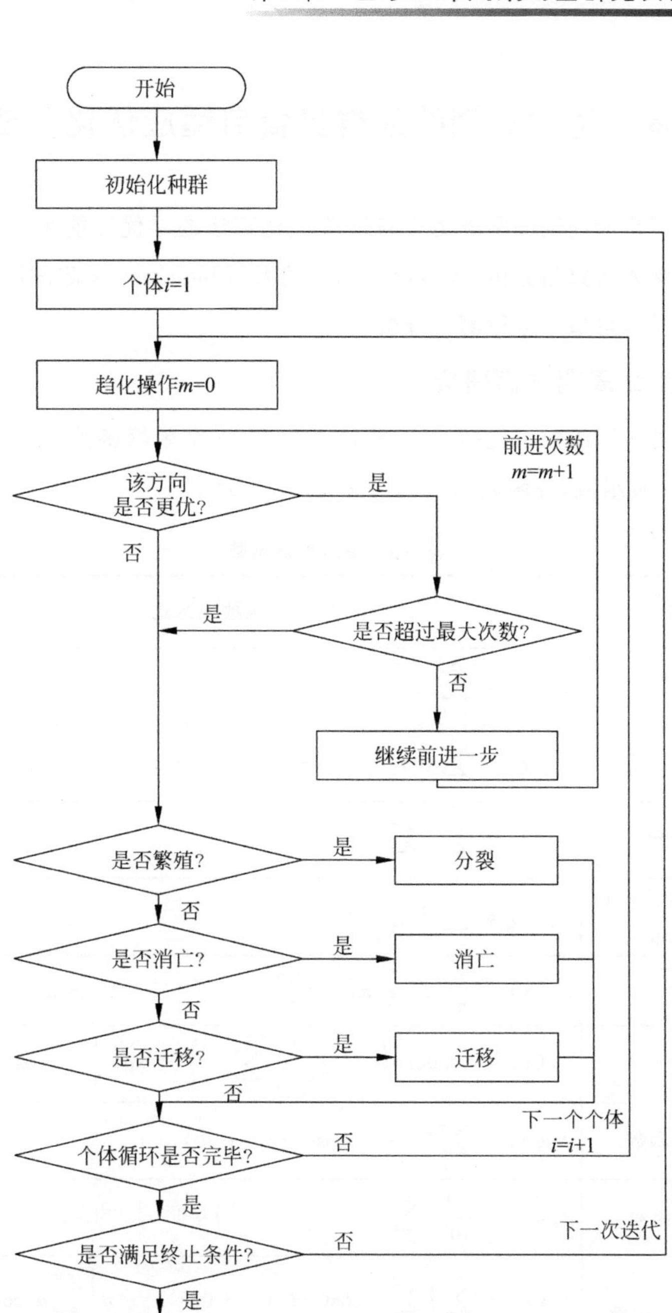

图 3-17 LCBFA 流程

3.4 基于生命周期的菌群觅食自适应优化算法性能分析

为了对基于生命周期的菌群觅食自适应优化算法的寻优性能和不同优化问题的欺骗性等进行深入研究与分析，本章应用相对较大的 benchmark 测试函数组对基于生命周期的菌群觅食自适应进行测试分析。

1. 细菌生命周期仿真研究

本节应用的测试函数组包括 10 个测试函数，由 5 个单峰函数、4 个多峰函数以及 1 个合成测试函数组成，各函数的表达式如表 3-3 所示。

表 3-3 基本测试函数

函数类别	函数名称	函数表达式
单峰函数	sphere 函数	$f_1(x)=\sum_{i=1}^{n} x_i^2$
	rosenbrock 函数	$f_2(x)=\sum_{i=1}^{n} 100\times(x_{i+1}-x_i^2)^2+(1-x_i)^2$
	quadric 函数	$f_3(x)=\sum_{i=1}^{n}\left(\sum_{j=1}^{i} x_j\right)^2$
	sum of different powers 函数	$f_4(x)=\sum_{i=1}^{n} \mid x_i \mid^{i+1}$
	sin 函数	$f_5(x)=\frac{\pi}{n}\left\{10\sin^2\pi x_1+\sum_{i=1}^{n-1}(x_i-1)^2(1+10\sin^2\pi x_{i+1})+(x_n-1)^2\right\}$
多峰函数	ackley 函数	$f_6(x)=-20\exp\left(-0.2\sqrt{\frac{1}{n}\sum_{i=1}^{n} x_i^2}\right)-\exp\left(\frac{1}{n}\sum_{i=1}^{n}\cos 2\pi x_i\right)+20+e$
	rastrigrin 函数	$f_7(x)=\sum_{i=1}^{n}(x_i^2-10\cos(2\pi x_i)+10)$
	griewank 函数	$f_8(x)=\frac{1}{4000}\sum_{i=1}^{n} x_i^2-\prod_{i=1}^{n}\cos\left(\frac{x_i}{\sqrt{i}}\right)+1$
	weierstrass 函数	$f_9(x)=\sum_{i=1}^{n}\left[\sum_{k=0}^{k_{\max}} a^k\cos(2\pi b^k(x_i+0.5))\right]-n\left[\sum_{k=0}^{k_{\max}} a^k\cos(2\pi b^k\times 0.5)\right]$ $a=0.5;\ b=3;\ k_{\max}=20$
合成测试函数	composition 函数 1	$f_{10}(x)=\sum_{i=1}^{n}\{w_i\times[f'_i((x-o_i+o_{i\text{old}})/\lambda_i\times M_i)+\text{bias}_i]\}+f\_\text{bias}$

composition 函数 1(CPF_1)是由 10 个单峰 sphere 函数构成的非对称多峰函数,具有 9 个 sphere 函数局部最优解和 1 个 sphere 函数全局最优解,该合成测试函数的三维曲面如图 3-18 所示。根据 CEC05 的多算法测试结果,基本 PSO、GA 算法等生物启发式计算方法在求解该函数时均未能取得全局最优。

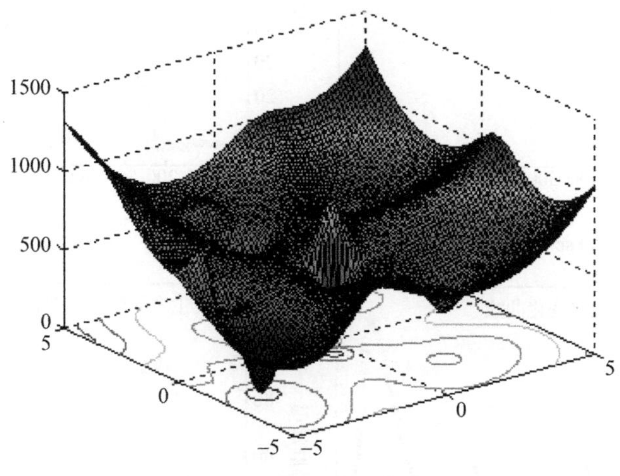

图 3-18　CPF_1 的三维曲面

LCBFA 中,细菌会在其生命周期中获得能量而繁殖分裂或营养消耗到一定程度而消亡,因此细菌的种群规模会随着觅食环境的改变(算法的运行)而变化。在进行函数优化实验的同时,为了更加深入地研究算法的动态性与多样性,用函数 sphere、rosenbrock、rastrigrin 和 griewank 对细菌种群的生命周期演化进行了跟踪并给出了其变化曲线,如图 3-19 所示。图 3-19(a)～图 3-19(d)分别对应细菌种群在函数 sphere、rosenbrock、rastrigrin 和 griewank 上的演化过程。可以看出,4 组生命周期演化曲线的变化趋势存在明显的规律性。

在单峰函数上,LCBFA 的种群规模都是先规律性减小,在进化后期种群规模规律性增大;在多峰函数上,种群规模都是先规律性增加,然后达到顶峰,接着种群规模开始规律性减小。这两种变化趋势与自然界中的微生物生命周期与环境动态交互模式相吻合。营养值的变化和细菌到达的新位置相关。种群变化的仿真也从侧面证明了算法中分裂阈值和死亡阈值动态调整策略的有效性。它使得种群行为随环境的变化而做出适应性调整,保证种群规模控制在一定的范围内。对于算法来说,它保证了算法的正常运行。

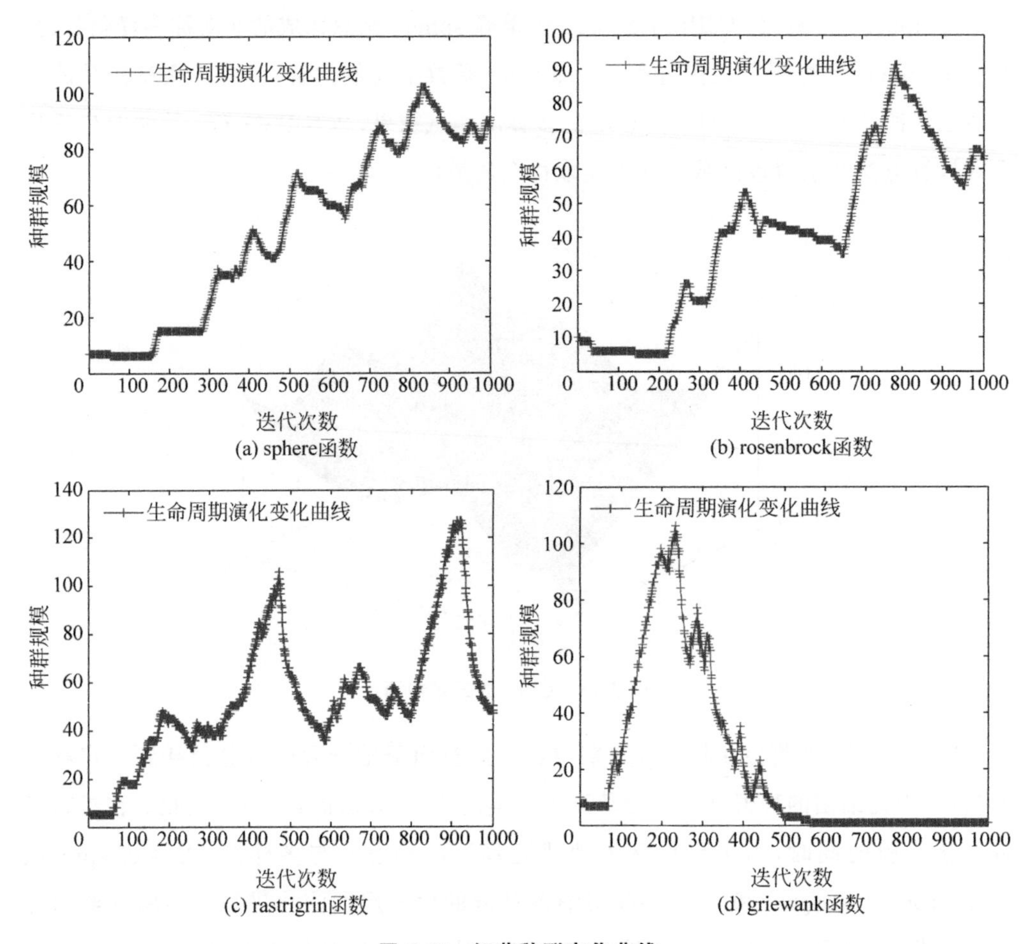

图 3-19 细菌种群变化曲线

2. 算法仿真试验与对比分析

LCBFA 和经典细菌觅食优化(BFO)算法及其三个变种算法[BF-PSO(PSO 导向的 BFO)算法、菌群算法(BSO)、自适应细菌觅食优化(adaptive bacterial foraging optimization,ABFO]在 30 维的单峰、多峰、合成测试函数上进行比较分析,LCBFA 初始种群为 10,其他所有算法种群大小均为 100。所有算法均运行 30 次,取平均值进行比较,每个算法每次运行迭代次数为 1000 次。

表 3-4 给出了 30 次实验 LCBFA 与其他 4 种 BFO 算法在 10 个测试函数上的平均最优值。实验结果明显表明,与 BFO 算法相比,本章提出的 LCBFA 在所有函数中表现出了明显的性能提升,并且 LCBFA 所获得的最终解都要好于其他算法。

表 3-4 LCBFA 与 BFO 算法及其变种算法的比较结果

函数（30 维）	标准值	算法				
		LCBFA	BF-PSO	BSO	ABFO	BFO
f_1	均值	2.15e−36	2.29e−12	2.02	4.14e−17	0.03
f_2	均值	13.94	24.44	61.04	23.50	36.41
f_3	均值	0.0019	2.79	1733.23	90.11	4708.46
f_4	均值	3.90e−47	1.61e−26	5.21e−6	9.86e−36	5.99e−10
f_5	均值	0	0.048	5.44	5.35e−6	0.27
f_6	均值	6.98e−15	2.35e−5	6.81	4.41e−8	1.95
f_7	均值	32.50	28.45	143.06	51.15	147.09
f_8	均值	0	0.018	7.30	0.02	1.10
f_9	均值	0	1.36	12.91	5.38	4.11
f_{10}	均值	1.64e−33	50.00	137.02	80.18	44.59

图 3-20～图 3-29 给出了 30 次试验在 1000 代过程中，LCBFA 与其他 4 种 BFO 算法在 10 个测试函数上的平均最优值收敛曲线。对于 5 个单峰函数 sphere、rosenbrock、quadric、sum of different powers 和 sin，LCBFA 在所有算法中均取得最佳收敛性能，即 LCBFA 能够在迭代初期迅速收敛到所有单峰函数的全局最优解所在位置。对于复杂的多峰函数 ackley、griewank 和 weierstrass，LCBFA 仍然在所有算法中取得最佳收敛性能，即在迭代初期，与其他算法相比，LCBFA 展现了优异的收敛速度，在迭代后期，其他算法均丧失了种群多样性而收敛于局部最优解所在区域，而 LCBFA 始终保持较高的种群多样性，从而能够在整个迭代过程中始终如一地保持较快的收敛速度，并最终收敛到全局最优解所在区域。值得指出的是，对于 rastrigrin 函数，LCBFA 结果较 BF-PSO 算法差，但优于其他三种算法。在更为复杂的合成函数 CPF_1 求解过程中，在迭代初期，基本 BFO 算法与其他三个变种算法陷入局部最优区域，而 LCBFA 仍然能够持续演化，并最终收敛该合成函数的全局最优解。LCBFA 在单峰函数、多峰函数以及复杂合成函数中表现出的优越性源于它的全生命周期演化模型对细菌种群多样性的保持。因此在 LCBFA 中，在营养浓度高的区域，细菌种群通过繁殖操作提升局部搜索能力；在营养贫瘠的环境中，细菌种群通过消亡和迁移操作提升全局搜索能力，从而可以较好地实现算法全局与局部搜索的平衡。

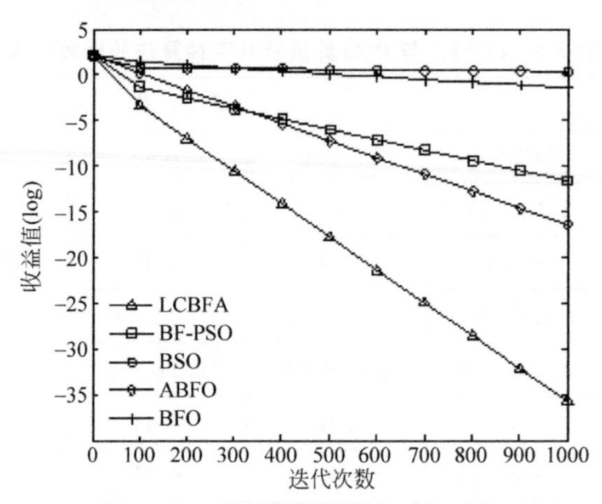

图 3-20　sphere 函数的收敛曲线比较

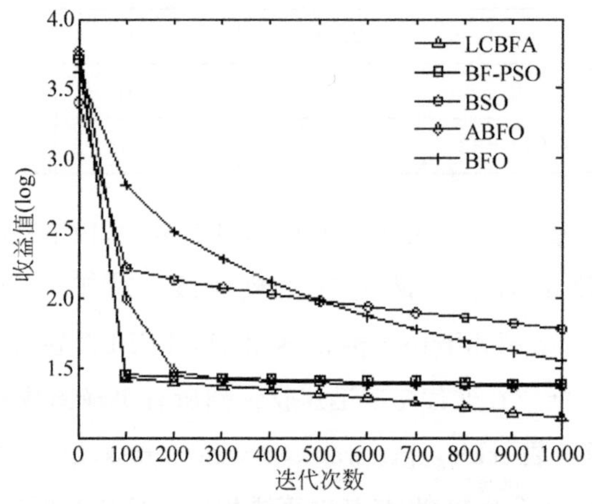

图 3-21　rosenbrock 函数的收敛曲线比较

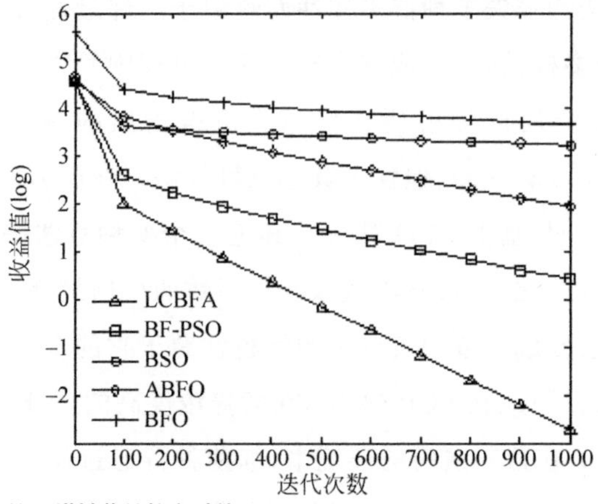

注：纵轴收益值取对数

图 3-22　quadric 函数的收敛曲线比较

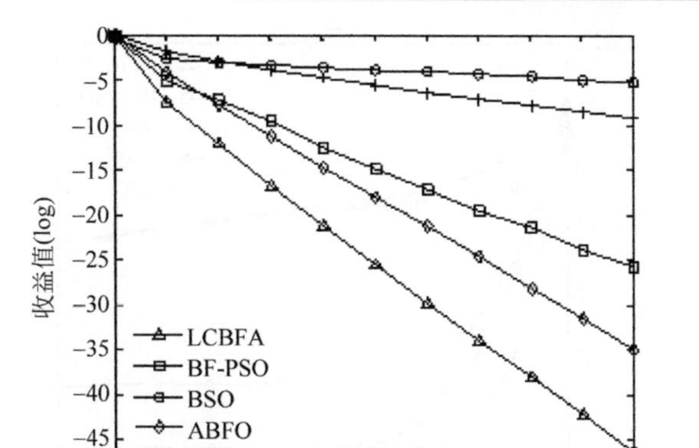

图 3-23 sum of different powers 函数的收敛曲线比较

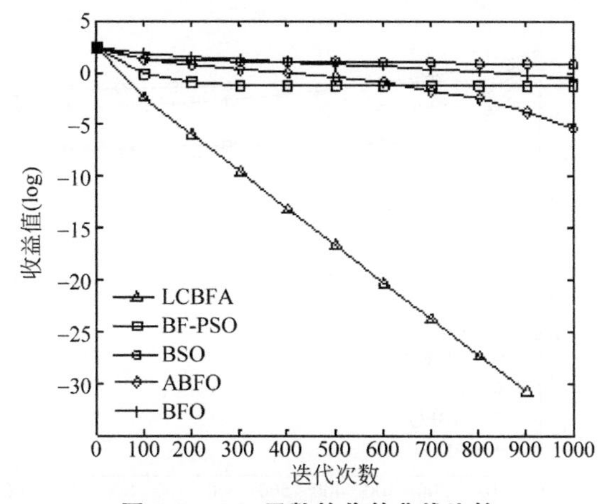

图 3-24 sin 函数的收敛曲线比较

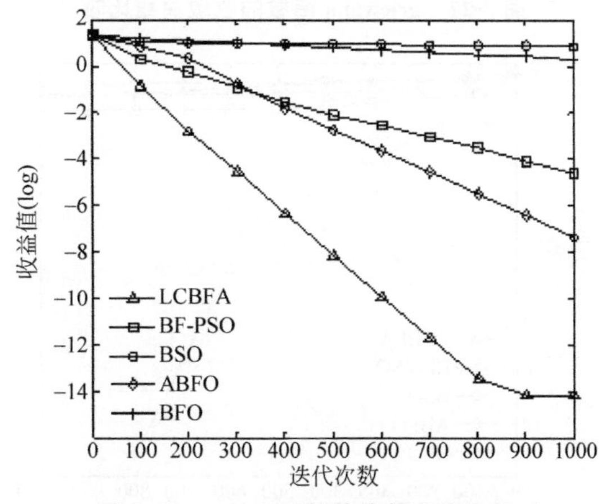

图 3-25 ackley 函数的收敛曲线比较

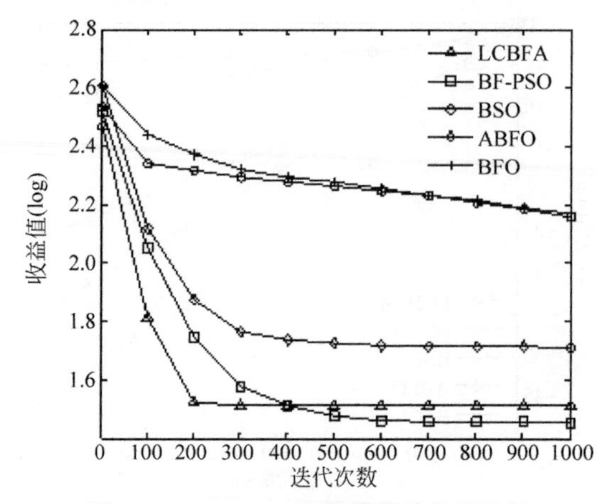

图 3-26　rastrigrin 函数的收敛曲线比较

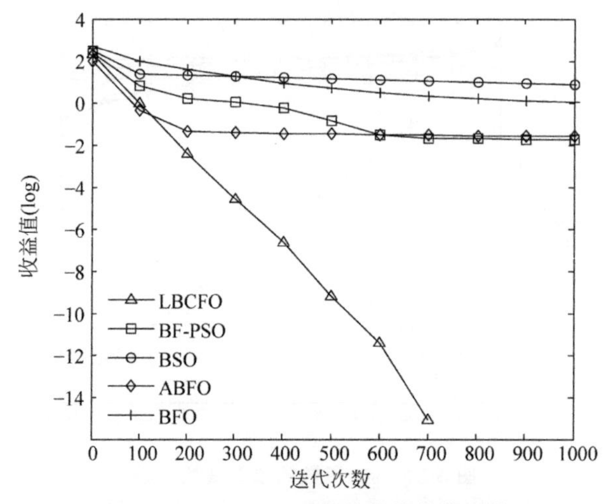

图 3-27　griewank 函数的收敛曲线比较

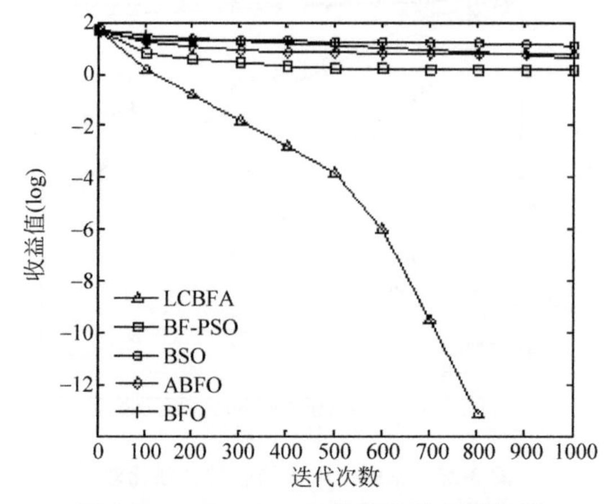

图 3-28　weierstrass 函数的收敛曲线比较

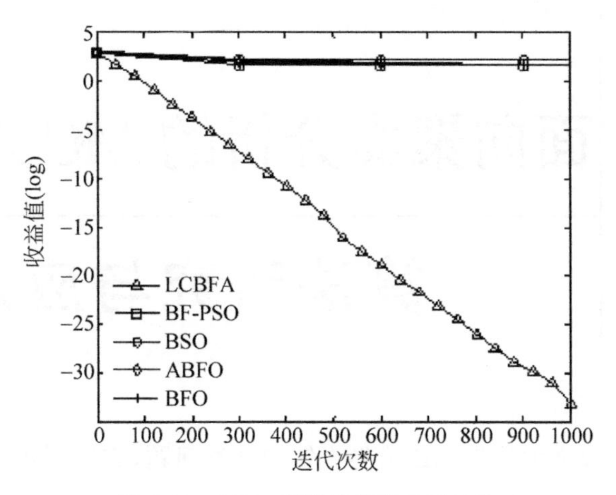

图 3-29　CPF_1 函数的收敛曲线比较

3.5　本章小结

生命周期是研究生物群体演化的根本。BFO 算法忽略了细菌通过分裂、消亡与环境变化协同进化的生命周期模式，仅仅对细菌的趋化觅食行为特性进行了简单模拟，导致 BFO 算法在求解优化问题时性能较差，无法对复杂实际工程优化问题进行有效求解。为此，本章从能量变化视角，对细菌构建基于生命周期的优化模型，并基于该模型进一步建立新型菌群觅食优化算法——LCBFA。在 LCBFA 中，大肠杆菌种群按照生命周期进行演化，即大肠杆菌个体在觅食过程中根据其能量获取与消耗状态动态地分裂、死亡和迁徙，种群规模随环境变化而进行适应性变化。通过实验仿真验证该模型与实际微生物系统的一致性，同时呈现了在基准函数上 LCBFA 的优异性能。

第4章 CHAPTER 4

面向聚类分析的MCABC-FCM算法研究与应用

在现实领域中存在大量类别或边界未知的分类问题，难以利用已有的专业知识或经验分析其潜在的、有价值的规律。为了解决上述问题，聚类分析受到学术界的广泛关注，它是将大量的多维数据对象 D_m 聚集成 n 个类（$n<m$），使得同一类数据对象具有很高的相似度，不同类的数据对象具有很大的差异。聚类分析方法起源于20世纪40年代，随着计算机技术的发展，在统计学科、机器学习、模式识别、数据挖掘等领域有着广泛的应用。

4.1 引言

聚类分析本质上是一种基于模式识别的无监督学习方法，事先不规定分组规则，从初始的聚类中心开始，根据一些相似性进行结构分类，将给定数据对象分成几个不同的类，聚类后的类内数据具有强相似性，类间数据具有很大差别。聚类方法主要包括划分聚类法、密度聚类法、层次聚类法、网格聚类法、模型聚类法、人工智能聚类法等。模糊聚类是聚类分析领域的一个重要分支，相对硬聚类而言，它以模糊集理论为基础，每个数据对象不是严格地隶属于某个类别，而是以[0,1]的某个度量值隶属于多个类别。

目前，FCM(fuzzy C-means，模糊 C-均值)算法作为一种流行的模糊聚类方法，具有运行效率高且易于实现的特点，引起了众多学者的关注。然而FCM算法的缺点是容易陷入局部极小值，对初始值和噪声数据敏感。由于人工蜂群优化算法具有易于实现、优化效果精确等特点，它不仅能有效克服FCM算法的缺点，并且提高了算法的寻优能力，收敛速度快，聚类效果好。为此，本章针对传统FCM算法存在的问题，研究如何将蜜蜂觅食优化思想用于改进 FCM 算法，提出了一种基于层次型信息交流机制的多蜂群协同进化优化的聚类优化算法，并将其用于教学的评价体系中。

4.2　聚类算法现状概述

K-均值算法、模糊 C-均值算法是目前广泛使用的基于中心的聚类算法，处理海量数据集时，它们可以简单、快速地对数据进行聚类。但是这两种算法存在如下缺点：

(1) 过于依赖初始位置的选择，且没有标准可遵循；

(2) 不能识别不规则簇，且对噪声敏感；

(3) 容易陷入局部最优。

因此需要对模糊聚类算法进行改进，主要从以下几方面着手：

(1) 研究 FCM 算法的收敛性能及准则，提高 FCM 算法的收敛速度；

(2) 修改 FCM 算法的距离及目标函数；

(3) 克服模糊聚类算法对初始值敏感及容易陷入局部最优的缺陷。

为了提高聚类算法的性能，学者提出了许多方法，将传统的聚类算法和新型生物启发式算法相结合，取得了更加优异的聚类效果。Krishan 将遗传(GA)算法与聚类算法相结合，提出了遗传 K-均值算法(GKA)，并通过实验评价该方法的性能。实验结果表明，遗传算法能够有效地弥补 K-均值算法的缺陷。Kuo 等提出 ACOK-均值聚类算法(AK)，AK 算法对 K-均值算法进行了修正，通过信息素更新转移概率，根据转移概率确定对象分类，信息素的更新是基于聚类变量的联合作用。Omra 等将聚类算法与粒子群优化算法相结合，以量化误差作为适应度来衡量聚类效果。通过仿真实验表明，引入粒子群的新算法的效果明显优于传统的 K-均值算法。Mohammad 等将 K-均值算法与蜂群算法相结合，D. T. Pham 等将蜂群算法与模糊聚类算法相结合，目的是减少聚类搜索条件，搜索聚类中心，使局部寻优与全局搜索同时进行。

4.3　典型的模糊 C-均值算法

模糊 C-均值算法是有效的且流行的模糊聚类算法，选择 C 点作为聚类中心，并指定每个数据点的模糊隶属度，通过优化目标函数使得更新和重新分配的过程继续下去，直到满足一个收敛标准，决定样本点的隶属度，并自动对样本数据进行分类。

给定一个有限数据集 $X=\{x_1,x_2,\cdots,x_n\}\in\mathbf{R}^p$，$X$ 为聚类样本集合，从数据集的 n 个对象中随机选取 C 个，将数据集 X 划分为 $C(2\leqslant C\leqslant n)$ 类，当作初始的聚类中心；设有个数为 C 的聚类中心 $V=\{v_1,v_2,\cdots,v_c\}$，模糊子集通过最小化式(4-1)和式(4-2)所定义的目标函数获得。

$$J_{\mathrm{FCM}}(\boldsymbol{U},V)=\sum_{i=1}^{n}\sum_{k=1}^{c}(\mu_{ik})^b(d_{ik})^2 \tag{4-1}$$

$$d_{ik}=d(x_i-v_k)=\sqrt{\sum_{j=1}^{m}(x_{ij}-v_{kj})^2} \tag{4-2}$$

其中，d_{ik} 是用于测量的第 i 个样本 x_i 和 k 类中心点之间的距离，称为欧几里得距离；$\boldsymbol{U}$ 表示 $n\times c$ 维的模糊分类矩阵，n 是聚类空间的样本数，μ_{ik} 是 i 类中 x_k 的隶属度，V 是第 i 类的聚类中心，b 是加权指数($1\leqslant b\leqslant\infty$)。该矩阵 $\boldsymbol{U}$ 满足：

$$\boldsymbol{U}\in\left\{\mu_j(x_i)\in[0,1]\left|\sum_{j=1}^{c}\mu_j(x_i)=1\right.\right\},\quad i=1,2,\cdots,n$$

$$\mu_{ik}=1\Big/\sum_{j=1}^{c}\left(\frac{d_{ik}}{d_{jk}}\right)^{\frac{2}{b-1}} \tag{4-3}$$

$$v_{ik}=\sum_{k=1}^{n}(\mu_{ik})^b x_{kj}\Big/\sum_{k=1}^{n}(\mu_{ik})^b \tag{4-4}$$

可通过式(4-3)和式(4-4)优化目标函数 J。FCM 算法的具体实现步骤如图 4-1 所示。

Input：聚类数目 C；数据集

Output：聚类中心集合 $\mathrm{V_j}$，使 $\mathrm{J_{FCM}(U,V)}$ 最小

Step1：初始化，设当前迭代次数 t=0，设定聚类数为 C，随机给定聚类中心 $\mathrm{V=\{v_1,v_2,\cdots,v_c\}}$ 和终止误差 ε

Step2：求隶属矩阵 U

Step3：求隶属矩阵 V

Step4：若满足误差终止条件，则结束；否则，置 t=t+1，返回 Step2

图 4-1 FCM 算法实现步骤

在整个迭代过程中，目标函数数据集的模糊聚类是通过对目标函数 $J_{\mathrm{FCM}}(U,V)$ 的迭代优化获得的，目标函数是递减的。FCM 算法依赖于初始聚类中心的选择，如果选择不合理，则会影响结果的精确性，并增加系统的复杂性，从而降低算法的效率。

4.4 MCABC-FCM 算法设计

基于层次型信息交流机制的多蜂群协同进化优化的聚类优化(MCABC-FCM)算法的基本思想是利用 MCABC 算法的全局搜索能力,寻求最优解作为初始聚类中心。初始聚类是采用 FCM 算法进行优化的,从而获得全局最优解。

在 MCABC-FCM 算法中,食物源的位置对应 K-均值算法的聚类中心,食物源的收益度大小对应适应度,采蜜的速度对应的是求解速度,最大收益度对应的是最优解。其对应关系如表 4-1 所示。

表 4-1　K-均值算法与 MCABC-FCM 算法的对应关系

K-均值算法	MCABC-FCM 算法
聚类中心	食物源的位置
适应度	食物源收益度大小
求解速度	采蜜速度
最优解(最佳聚类效果)	最大收益度

MCABC-FCM 算法开始时,随机产生一个随机分布的初始种群,具有 SN 个解(食物源位置),SN 表示雇佣蜂或观察蜂的规模,因此一个蜜蜂代表一个聚类中心。每一个解 $\boldsymbol{x}_i(i=1,2,\cdots,\mathrm{SN})$是一个 D 维向量。D 是优化参数的数量,一个食物源代表一个优化问题的可行解,食物源的规模对应着适应度函数的质量,可用式(4-5)计算。

$$\mathrm{fit}_i=\frac{1}{1+f_i}=\frac{1}{1+J_{\mathrm{FCM}}(U,V)} \tag{4-5}$$

其中,$J_{\mathrm{FCM}}(U,V)$是由 FCM 算法的目标函数的式(4-1)给出。$J_{\mathrm{FCM}}(U,V)$越小,适应度函数越大,会得到越好的聚类效果。

MCABC-FCM 算法设定了一个循环限制,如果迭代次数达到上限,仍然不能得到理想结果,则此食物源被抛弃。假设被抛弃的食物源为 x_i,则侦查蜂会发现一个新的食物源取代 x_i。

MCABC-FCM 算法是 MCABC 算法与 FCM 算法结合的新的算法,具有强大的搜索能力,先使用 MCABC 算法以获得近似最优解(聚类中心),作为 FCM 算法的初始值,继续进行局部搜索则可以得到全局最优解。该新型算法在克服了传统 FCM 算法易陷入局部最优解的缺陷的同时,还能够弥补对初始值和噪声敏感的缺点。该算法的具体实现步骤如图 4-2 所示。

```
Step1：初始化所有相关参数，设定食物源个数=引领蜂的个数=观察蜂的个数(SN)，当前迭代次数 cycle=0，聚类数为 C，并随机给定聚类中心 V={v_1,v_2,…,v_c}，设定终止误差 ε，最大循环次数 MCN；设置迭代次数 T=1；设置信息交换的循环次数 T_exchange；设置“limit”值
Step2：随机初始化隶属度矩阵
Step3：产生初始种群(聚类中心)c_ij，计算各个解 c_ij 的适应度
Step4：
    产生 n 个随机的初始化蜂群，每个蜂群有 m 个个体
    根据个体适应度对群落中每个种群个体进行排序
WHILE(T<=MNC)
    FOR(每个种群)
        /*雇佣蜂阶段*/
            产生新解的解集 EQ_cycle，然后形成新的结合的蜂群 ER_cycle = P_cycle ∪ EQ_cycle
            根据适应度对种群 ER_cycle 进行排序
            利用拥挤距离算子<_n 从蜂群 ER_cycle 选择 m/2 个最好的个体形成新的蜂群 P_cycle
        /*观察蜂阶段*/
            产生新解的解集 OQ_cycle，然后形成新的结合的蜂群 OR_cycle = P_cycle ∪ OQ_cycle
            根据适应度对种群 OR_cycle 进行排序
            利用拥挤距离算子<_n 从蜂群 OR_cycle 选择 m/2 个最好的个体形成新的蜂群 P_cycle+1
        /*侦查蜂阶段*/
        IF(在“limit”循环次数以后，蜜源质量没有改进)
        放弃这个蜜源，用随机产生的新解代替原有的蜜源
        END IF
    END FOR
    WHILE(T_exchange | T)
        为每个种群准备发送列表和替换列表，然后进行个体交换
    END WHILE
    T=T+1
END WHILE
Step5：求隶属度矩阵 U
Step6：求隶属度矩阵 V
Step7：若满足终止误差则结束迭代，否则置 t=t+1，返回 Step6
```

图 4-2 MCABC-FCM 算法的步骤

4.5 基于 MCABC-FCM 算法的教学评价方法研究

教学过程的评价是对教学过程的全面管理，其重要的作用体现在：通过全面可行的方法，对教学活动的效率及性能进行正确的分析和评价，以确定达到教学目标。作为

一种重要的监督机制，教学评价在大多数学校越来越受欢迎。然而由于各种原因，如何探讨更加公平合理且有效的评价机制是教育管理者面临的一个巨大的挑战。

4.5.1　教学评价的影响因素

如今，大多数学校利用一个静态的评分策略，即根据预定义的因素和权重处理来自学生和专家评价的数据。虽然上述方法易于执行，但在某些情况下该评价机制是不公平的。主要有以下两方面的影响：

(1) 不同的年级往往基于不同的评价标准评分，包括感情因素。例如，新生班的学生通常评分会低。

(2) 来自不同的课程群的影响。通常，如果一个课程的难度比较大，学生给予的评分较低。

显然，建立一套科学的、有效的评价因素是教学评价的基础和前提。一般来说，教学评价体系包含多个指标，每个指标包括多个因素。由于这样的指标安排易于执行和管理，方便聚类，因此这项工作只设置一级指标。下面将对教师的评价数据通过矢量进行排列，详细的评价因素显示在表4-2中，最后一列是通过专家评价法得到的指标权重。

表4-2　评价因素

ID	因　　素	权　　重
1	备课是否充分(preparation for a lesson)	0.05
2	教学内容更新程度(update of the teaching content)	0.07
3	启发式教学(heuristic teaching)	0.04
4	语言组织与教学状态(language and teaching status)	0.02
5	教学效率(teaching efficiency)	0.07
6	教学辅助工具(appliance of various teaching tools)	0.04
7	与学生的互动情况(interactive with students)	0.03
8	基础技能的熟练程度(faculty of basic skills)	0.12
9	理论方法的熟练程度(faculty of basic theory and methods)	0.10
10	特色教学(personal teaching)	0.08
11	遵循教学日历(obey the schedule)	0.03
12	安排家庭作业(assignment of homework)	0.04
13	Q&A 0.03 0.04(Q&A 0.03 0.04)	0.03
14	教育功能(educational function)	0.05
15	教学内容的综合性(comprehensive of teaching content)	0.03

续表

ID	因　素	权　重
16	是否能突出难点(whether to highlight the difficulty)	0.05
17	学生的理解程度(the level of students'understanding)	0.09
18	训练学生的思维程度(training students' ideas)	0.06

表中每个指标提供了5个选项：优、良、中、及格、不及格，五次选项选择转换成一个综合得分，根据固定的权重指数相加。传统的权重评分方法有其不足之处，例如，假设上述5个评分值的向量是$\boldsymbol{V}(5,4,3,2,1)$，即优是5，良是4，中是3，及格是2，不及格是1。如果有10个学生评价教师，一个教师的评价向量是$\boldsymbol{S}_1(4,2,3,1,0)$，另一个向量是$\boldsymbol{S}_2(1,8,1,0,0)$，其综合得分是相同的。事实上，每个人的每项成绩是可以清楚地区分开的。因此我们将不使用综合评分，而是直接使用五项选项值作为指定的评分指数，由于有18个指标，每个指标包含5个选项，因此每个评价向量包含90个选项值。

4.5.2 教学评价数据的标准化

假设初始评价得分服从正态分布，且在不同班级和不同科目之间的标准是统一的，一旦学生的数量超过20个，则学生数量对标准得分的影响可以忽略不计。

设$\boldsymbol{X}$是一个班级或一类课程组的原始数据评分矩阵，每一行代表教学评价因素评分，为了使具有不同量纲的实际问题中的不同数据可以进行比较，通常情况下，原始数据的均值可通过式(4-6)得到。

$$\bar{x}=\frac{1}{n}\sum_{i=1}^{n}x_i \tag{4-6}$$

标准偏差可由式(4-7)计算。

$$S=\sqrt{\frac{1}{n-1}\sum_{i=1}^{n}(x_i-\bar{x}_i)} \tag{4-7}$$

将原始数据X转换成标准化矩阵可由式(4-8)进行变换。

$$Z_{\text{Score}}=\frac{X-\overline{X}}{S} \tag{4-8}$$

原始评分矩阵由教师的得分构成，课程安排由课程列表(Course_List)列出，班级安排由班级列表(Class_List)列出，如果一名教师承担更多的课程，即有一个以上的行代表的是同一名教师的得分，须计算所有行的平均值。图4-3描述了初始数据转换成标准数据的过程。

```
Input：Score；Class_List；Course_List，w
Output：Z_Score
For each k∈Course_List
                X_k = {Score(i) | record i of Score coresponds to course k}
        将 X_k 转换成标准得分 Z_k
End for
For each c∈Class_List
                X_c = {Score(i) | record i of Score coresponds to course c}
        将 X_c 转换成标准得分 Z_c
End for
    Z_Score = w * Z_c + (1 - w) * Z_k
```

图 4-3　初始数据转换成标准数据的过程

4.6　本章小结

本章针对传统 FCM 算法存在的问题，提出了一种基于层次型信息交流机制的多蜂群协同进化优化的聚类优化(MCABC-FCM)算法。该算法主要通过层次型拓扑网络的多蜂群协同进化优化，搜索数据的聚类中心。由于层次型拓扑网络的多蜂群协同进化优化算法同时具有全局搜索和本地搜索的能力，因此能够跳出局部最优解的局限。通过仿真实验表明，该算法能将自适应选择的参数和各种参数进行最佳组合，收敛速度快，聚类效果好。将该算法用于教学的评价体系，也获得了良好的效果。首先，该算法实现了传统意义的名次排序；其次，该算法为信息反馈提供了依据；最后，该算法发挥了评价的导向和激励功能，进而能够实现促进教师综合素质的提高。

第5章 基于LCBFA的多阈值图像分割算法及在彩色图像处理中的应用研究

CHAPTER 5

图像分割是图像分析重要的预处理步骤之一，广泛应用在计算机视觉、面部识别、医学成像、数字图书馆和视频检测等领域中。图像分割的主要目的是将图像分解成具有独特性质的区域，在每个区域中提取某一特定的目标。根据纹理、灰度、形状、颜色等分割特征的不同，可分为聚类分析法、纹理分析法、基于区域的分割和合并方法，以及阈值设定法等。在所有的方法中，阈值设定法由于其操作简单，并有着较高的准确度和分割的精确性被广泛应用。如何有效地选择最优的阈值是图像分割的关键。

5.1 引言

灰度图像分割包含的信息量比较少，根据其基本特征，一般只考虑其不连续性和相似性。彩色图像包含亮度、色调、饱和度等因素，并且其具有比灰度图像更多的详细信息。通常采用的快速有效的图像分割方法是单阈值图像分割方法，而当阈值个数增加，对多阈值图像进行分割时，计算时间会随着阈值个数的增加呈指数增长，而基于LCBFA的多阈值图像分割算法具有群体并行性搜索且不易陷入局部最优的优点，会大大降低多阈值图像分割的计算时间。

在最近几年，基于LCBFA的多阈值图像分割算法模型已用于解决优化问题。模仿细菌的觅食行为的模型在复杂函数优化方面具有良好的稳定性和收敛性，已经发展到应用于解决一些实际工程优化问题，例如最优控制、彩色图像增强等。在本书中，图像分割问题被看成优化问题，我们提出了改进的基于LCBFA的多阈值图像分割算法，该算法用于寻找图像分割的最优阈值组合，能够最大限度地提高寻优精度和寻优效率。结果表明，基于LCBFA的多阈值图像分割算法的执行速度更快，比现有的一些方法更稳定。

5.2 彩色空间的转换与多阈值图像分割算法

彩色图像的特征在于三基色，包括红色(R)、绿色(G)和蓝色(B)，由三基色可形成所有可能的组合。为了消除彩色图像的 R、G 和 B 分量之间的高相关性，可以转换到 HSV 空间，H、S、V 三个分量分别代表色调、饱和度和亮度。

5.2.1 彩色空间的转换

HSV 彩色空间具有色彩自然、直观的优点，更接近人对视觉颜色的感知。其中，H 代表颜色的色调；S 代表颜色的饱和度；V 代表颜色的明度。从 RGB 空间到 HSV 空间的转换如式(5-1)所示：

$$\begin{cases} S = 1 - \dfrac{3}{R+B+G}[\min(R,G,B)] \\ H = \cos^{-1}\left\{\dfrac{(R-G)+(R-B)}{2\sqrt{(R-G)^2+(R-B)(G-B)}}\right\} \\ R \neq B(R \neq G), B > G, H = (2\pi - H) \\ V = \dfrac{R+B+G}{3} \end{cases} \tag{5-1}$$

5.2.2 多阈值图像分割算法

图像分割中，常用的阈值设定法包括最小误差阈值法、最大类别方差法及最佳直方图熵法等。而最优阈值的选取(即转换成寻优问题)是这几种方法的关键。

根据选取阈值的个数，最大类别方差法分为单阈值图像分割算法和多阈值图像分割算法。单阈值图像分割算法中，将图像分为背景和目标两个类，以背景和目标的类间最大方差作为阈值选取的准则。多阈值图像分割指的是将图像保存为几个不同的类，选取多个阈值进行适当的分割。传统的最大类间方差法对于单阈值图像分割的处理是快速而有效的，面对多阈值问题，其图像分割计算方法的复杂度会大大增加，运算时间会随着阈值个数的增加呈指数增长。如果将图像分割过程看成一个优化问题，同时，最优多阈值的问题可以看成一个 n 维优化问题，通过选定图像分割的 n 个最佳阈值,使目标函数最大化。这样的多阈值分割问题被简化为一个搜索最佳阈值的优化问题。

设待处理灰度图像的灰度级为 $L[0,1,\cdots,L-1]$,定义

$$p_i=\frac{h_i}{N};\quad \sum_{i=1}^{N}p_i=1 \tag{5-2}$$

$$\mu_T=\sum_{i=1}^{L}ip_i \tag{5-3}$$

其中,i 表示灰度值,N 表示图像中包含的像素的总数,h_i 表示相应的像素的数目,μ_T 表示总的灰度均值。

设定 $t_j(j=1,2,\cdots,n-1)$ 为最佳阈值,将一个给定的图像的像素分成 n 类$(D_1,D_2,D_3,\cdots,D_n)$,通过式(5-4)可以计算类间方差:

$$\sigma_B^2=\sum_{j=1}^{n}w_j(\mu_j-\mu_T)^2 \tag{5-4}$$

$$w_j=\sum_{i=1}^{t_j}p_i \tag{5-5}$$

$$\mu_j=\sum_{i=1}^{t_j}\frac{i_{p_i}}{w_j} \tag{5-6}$$

其中,w_j 和 μ_j 分别表示图像相应的出现概率及灰度均值,选取使 σ_B^2 最大的对应的阈值作为图像的最佳阈值,目标函数如式(5-7)所示:

$$\phi=\max\sigma_B^2(t_j) \tag{5-7}$$

使用标准偏差评估算法的稳定性,如式(5-8)所示:

$$\mathrm{STD}=\sqrt{\sum_{i=1}^{n}\frac{(\sigma_i-\mu)^2}{N}} \tag{5-8}$$

其中,N 是每个算法的重复次数,σ_i 是第 i 次运行的最佳适应度值,μ 是 σ_i 的平均值。

对于多阈值图像分割,其目标函数定义如式(5-9)所示:

$$\begin{aligned}J([t_1,t_2,\cdots,t_m])&=\sigma_0+\sigma_1+\cdots+\sigma_m\\&=w_0(t_1)(\mu_0(t_1)-\mu_T)^2+w_1(t_1,t_2)(\mu_1(t_1,t_2)-\mu_T)^2+\cdots+\\&\quad w_m(t_m,L-1)(\mu_m(t_m,L-1)-\mu_T)^2\end{aligned} \tag{5-9}$$

将阈值求解问题转换为参数阈值 t 的优化问题:

$$[t_1^*, t_2^*, \cdots, t_m^*] = \arg\max J([t_1, t_2, \cdots, t_m]) \quad 0 < t_1 < t_2 \cdots < t_m < L-1$$

当 $J([t_1, t_2, \cdots, t_m])$ 的值达到最大值时，所对应的阈值是 $[t_1^*, t_2^*, \cdots, t_m^*]$，即为所求结果。

5.3 基于 LCBFA 的多阈值图像分割算法

多阈值图像分割是指根据多个阈值把图像分成多个区域的过程，选取最大类间方差所对应的最优阈值。将图像的像素特征空间看成细菌的觅食空间，可以采用基于 LCBFA 的多阈值图像分割算法进行最优阈值的搜索。优化问题的阈值对应每个细菌的位置，适应度值对应的是细菌所在位置的食物浓度，通过趋化、复制、驱散操作，搜索最优阈值。将式(5-7)所示目标函数定义为基于生命周期的新型菌群觅食算法的适应度函数。

5.3.1 图像分割步骤

图像分割步骤如图 5-1 所示，基于 LCBFA 的多阈值图像分割流程如图 5-2 所示。

读入待分割图像，将彩色图像转换为灰度图像，得到图像的灰度直方图
输入基于生命周期的新型菌群觅食算法的参数，设定待分割图像的阈值和边界
计算细菌适应度
　　While(终止条件不满足)
For 每个细菌
　　设置全局步长
　　随机翻转方向
　　进行趋化操作，若有改进，则继续在该方向上前进一步(最大前进步数)，每次适应度增加，营养值加 1；否则，营养值减 1
　　根据自适应种群变化规则，判断细菌是否繁殖。若繁殖，则该细菌分裂，平分能量值，年龄归 1，进行下一个个体操作
　　根据自适应种群变化规则，判断细菌是否消亡：若消亡，则从种群中移除，进行下一个个体操作
　　计算概率，判断是否迁移，迁移后年龄归 1，进行下一个个体操作
End for
　　End while
将最佳阈值用于图像分割

图 5-1　图像分割步骤

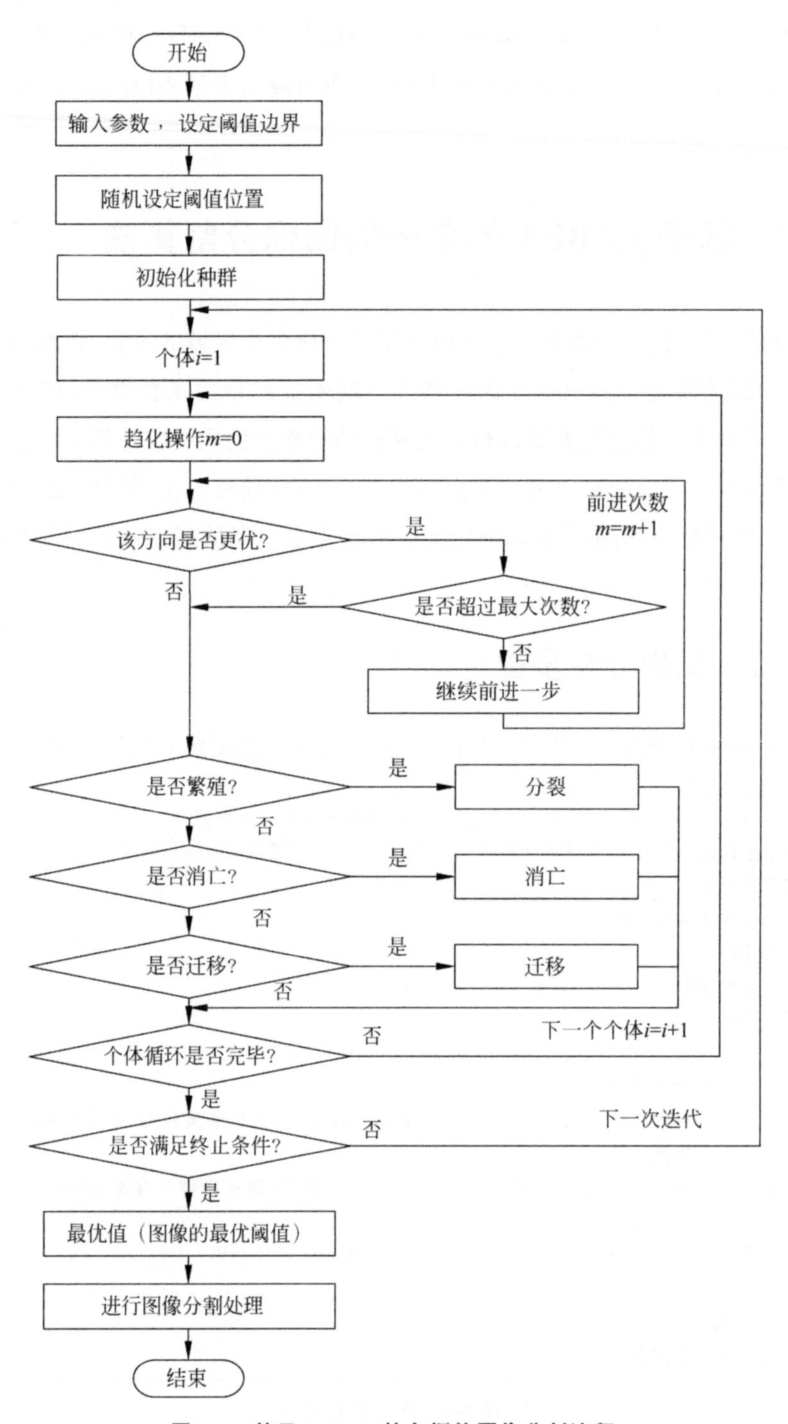

图 5-2 基于 LCBFA 的多阈值图像分割流程

5.3.2 彩色图像分割

彩色图像分割步骤如图 5-3 所示，彩色图像分割算法的流程如图 5-4 所示，RGB 图像空间被转换到 HSV 图像空间，从而使各成分的相关性应通过 H、S、V 分量被消除，可以通过获得相应的分离的图像使用基于 LCBFA 的多阈值分割算法，将得到的三个分量合并到最终的图像分割。

Step1：HSV 图像空间可以通过将 RGB 图像空间转换获得
Step2：在分割图像的三个分量上分别运用基于 LCBFA 多阈值图像分割算法
Step3：将三个分量结果合并，然后获得最终的分割图像

图 5-3　彩色图像分割步骤

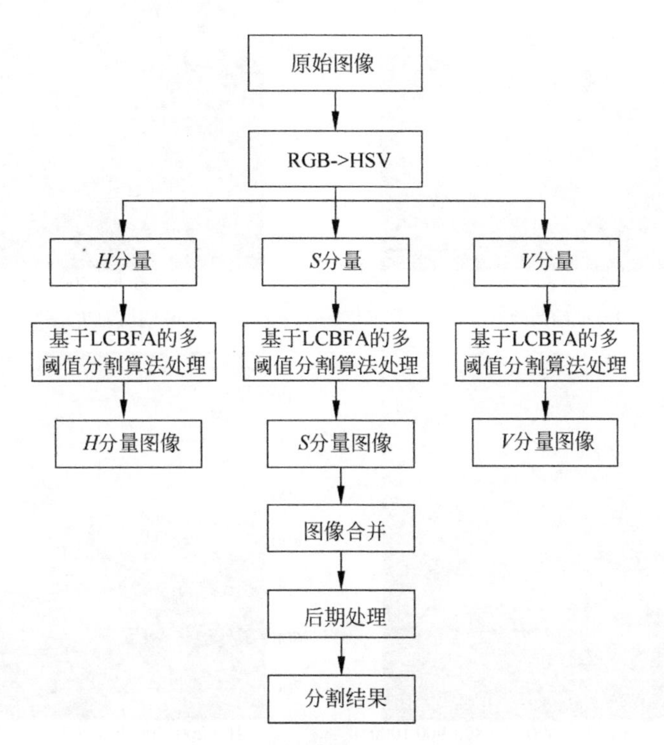

图 5-4　彩色图像分割算法流程

5.4 基于 BFA 和 LCBFA 的多阈值图像分割算法性能分析

本章提出基于传统的 BFA(细菌觅食算法)和基于 LCBFA 的多阈值图像分割算法,并运用 MATLAB 语言对两个分别命名为"沙漠"和"绣球"的图像进行测试,以评估算法的性能。设定每个算法的运行次数为 50 次,设定菌群规模数为 20。

下面分别采用基于 BFA 和基于 LCBFA 的多阈值图像分割算法,对"沙漠"和"绣球"两幅图像进行分割,阈值分别设为 2、3、4,其分割结果如图 5-5～图 5-8 所示。

(a) 原始图像

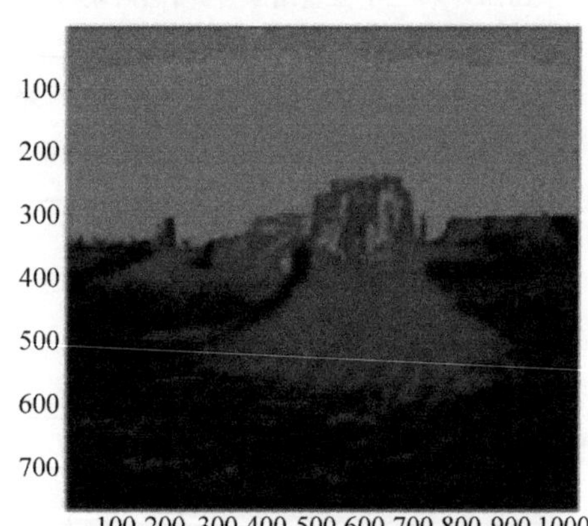

(b) 阈值为2的图像分割结果

(c) 阈值为3的图像分割结果

(d) 阈值为4的图像分割结果

图 5-5 "沙漠"图像的 BFA 分割结果

(a) 原始图像　(b) 阈值为2的图像分割结果

(c) 阈值为3的图像分割结果　(d) 阈值为4的图像分割结果

图 5-6 "沙漠"图像的 LCBFA 分割结果

(a) 原始图像　(b) 阈值为2的图像分割结果

图 5-7 "绣球"图像的 BFA 分割结果

(c) 阈值为3的图像分割结果

(d) 阈值为4的图像分割结果

图 5-7 （续）

(a) 原始图像

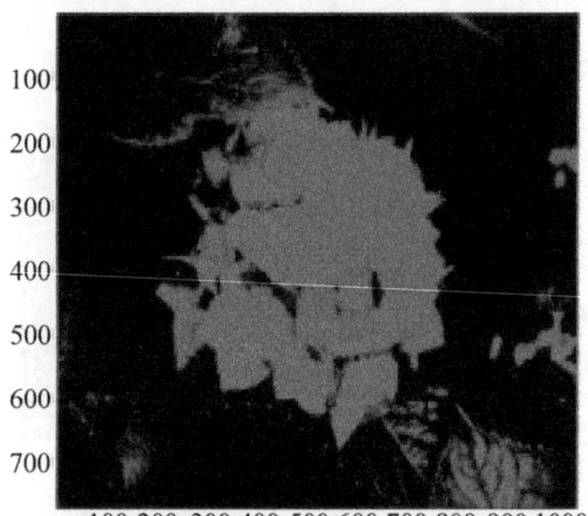

(b) 阈值为2的图像分割结果

(c) 阈值为3的图像分割结果

(d) 阈值为4的图像分割结果

图 5-8 “绣球”图像的 LCBFA 分割结果

选择标准偏差和CPU运行时间作为基于BFA和基于LCBFA的多阈值图像分割算法的性能测试指标，如表5-1所示。基于LCBFA的多阈值图像分割算法的标准偏差值比传统的基于BFA的标准偏差值更加稳定，且基于LCBFA的多阈值图像分割算法的CPU(center processing unit，中央处理单元)处理时间要少于传统的细菌觅食算法，特别是对于数量较多的阈值。

表5-1　两种算法性能比较

测试图像	分割阈值个数	BFA		LCBFA	
		标准偏差	CPU运行时间	标准偏差	CPU运行时间
“沙漠”图像	2	0.5974	3.1231	0.2912	3.0781
	3	1.7732	3.7629	0.3579	3.3848
	4	2.1779	4.0061	0.9818	3.5517
“绣球”图像	2	0.7824	3.2549	0.5087	3.1008
	3	1.2319	3.7129	0.6457	3.3891
	4	2.2287	4.2021	1.2887	4.0837

5.5　本章小结

在本章中，提出了基于LCBFA的多阈值图像分割算法，设定多个阈值，采用该算法进行最优阈值的搜索。本书所提出的方法可以直接应用到彩色空间的每个分量，然后将结果以某种方式组合获得最终分割结果。对于给定的图像，采用基于LCBFA的多阈值图像分割算法，不仅分割结果更加精确，并且具有更大的稳定性且CPU处理时间大大缩短。

第6章 植物根系自适应生长层级演化模型及算法

CHAPTER 6

本章在对植物根系自适应生长及觅食行为建模、仿真的基础上，设计一种新型生物启发式计算模型——混和人工植物根系自适应生长优化(HARFO)算法。一方面，通过在标准测试函数上的仿真分析，混和人工植物根系生长优化算法具有良好的优化精度和收敛速度，为求解实际工程应用中的连续优化和动态优化问题提供了新的思路。另一方面，基于所提出的植物根系生长模型，在不同肥沃程度土壤环境下模拟植物根系的向水性、向地性、生长素控制机制、根系形成等生长方式，从而定量化研究植物的生长规律。

6.1 植物根系优化算法

觅食行为是自然界中生物最基本的行为，与动物觅食过程类似。植物根系觅食过程是植物行为的重要组成部分，受到土壤养分的浓度、分布状况及相邻植物根系竞争等环境因素的显著影响。McNickle 与 Cahill 提出，植物在长期进化过程中为了最大限度地获取土壤资源，对养分的空间异质性产生各种可塑性反应，包括形态可塑性、生理可塑性等，这些属性与动物的觅食行为十分类似。许多植物的根系在向水性、向地性的作用下，在养分丰富的土壤中大量分根和生长，生长程度种间差异较大，并受生长属性(生长大小、养分浓度)、营养元素种类和养分总体供应状况的影响。植物还通过形态素浓度调整根的分根数量、长度以及空间构型实现土壤养分的高效利用。为构建植物根系生长仿真模型，定义植物根系的生长模式，下面介绍几个重要的概念：

(1) 形态素调控机制：形态素作为一种重要的植物荷尔蒙物质，可以调控植物根尖的自适应生长行为。根尖的形态素浓度不是静态的，而是随着生长与土壤环境的动态改变而进行自适应分配。

(2) 根系分类：整个植物根系根据形态素浓度值划分为 3 大类，包括主根、侧根与腐朽根。主根能够分根和自我生长；侧根在一定条件下可转化为主根；腐朽根在下代生长中消亡。

(3) 生长算子：植物根系生长模式由 3 个生长算子定义。分根操作产生一定数量的侧根，其控制参数为生根数量、角度和生长长度。自我生长操作为根系进行自适应生长，其控制参数为角度、生长长度。消亡操作为消除冗余的腐朽根。

(4) 根的趋向性运动：植物根系生长模型中主要考虑根系的向水性与向地性。

6.1.1 生长素模型

假设人工土壤环境中布满了有限的营养物质，那么生长素是控制各种生长操作和分支数量的关键因素。假设 f_i 是表示生长素浓度的根 i 的归一化适应度值，用于显示人工土壤环境中的营养分布，A_i 为每一个生长点的形态素浓度，见式(6-1)和式(6-2)。

$$f_i = \frac{\text{fitness}_i - f_{\min}}{f_{\max}} \tag{6-1}$$

$$A_i = \frac{f_i}{\sum_{i=1}^{S} f_i} \tag{6-2}$$

其中，fitness_i 是适应度值，$f_{\min}$ 和 $f_{\max}$ 分别是当前根系的最小值和最大值，S 是当前根系的数量。

6.1.2 趋向性

植物根系的生长轨迹受到不同趋向性的影响，在 HARFO 模型中，实现了两个典型的趋向性，即向水性和向地性。首先，向地性的效果取决于植物根系的通信机制。也就是说，整个根系中一半数量的主根根尖将向根系发现的最优土壤资源位置生长，如式(6-3)所示。

$$x_i^t = x_i^{t-1} + l \cdot \text{rand} \cdot (x_{\text{lbest}} - x_i^{t-1}) \tag{6-3}$$

其中，rand 为[0,1]的随机数，x_i^t 为侧根 j 的根尖位置，x_i^{t-1} 为主根 i 的根尖位置，l 为侧根的最大生长距离，x_{lbest} 为整个根系发现的最优土壤资源位置(即适应值最小位置)。

6.1.3 分根

在根系成长过程中，所有根尖按照上述定义的生长素浓度值进行排序，具有较高生长素浓度的根尖有较高的概率被选择为分根操作的主根，通常我们选择一半数量的根为主根，其余的定义为侧根。针对每个主根，如果其生长素浓度超过一定阈值，执行分根，如式(6-4)所示。

$$\begin{cases} \text{branching} & \alpha_i^t > \text{Branch}G \\ \text{nobranching} & \text{其他} \end{cases} \tag{6-4}$$

该根尖将执行分根操作。其产生侧根的数量如式(6-5)所示。

$$w_i = R_1 A_i (S_{\max} - S_{\min}) + S_{\min} \tag{6-5}$$

其中，R_1 为[0,1]的随机数，$S_{\max}$ 和 $S_{\min}$ 分别为人工设定的产生侧根的最大值、最小值。每个生成的侧根将按照如下模式生长。标准偏差 σ_i 如式(6-6)所示。

$$\sigma_i = \left(\frac{i_{\max} - i}{i_{\max}}\right)^n \times (\sigma_{\text{ini}} - \sigma_{\text{fin}}) + \sigma_{\text{fin}} \tag{6-6}$$

其中，i 为当前迭代次数，$i_{\max}$ 是最大迭代次数，σ_{ini} 是搜索范围内初始标准偏差。

6.1.4 侧根随机搜索

在每次觅食过程中，基于 HARFO 模型，根系中所有的侧根将进行随机搜索。随机搜索策略被认为是在营养物质随机分布环境中最有效的觅食策略，即每个侧根根尖生成一个随机的生长角度和随机的生长长度，如式(6-7)和式(6-8)所示。

$$x_i^t = x_i^{t-1} + \text{rand} \cdot l_{\max} D_i(\varphi) \tag{6-7}$$

$$\varphi = \frac{\boldsymbol{\delta}_i}{\sqrt{\delta_i^T \cdot \boldsymbol{\delta}_i}} \tag{6-8}$$

其中，$l_{\max}$ 为侧根的最大生长距离，rand 为[0,1]的随机数，φ 为侧根的生长方向，$\boldsymbol{\delta}_i$ 为随机向量。

6.1.5 根尖老化死亡

在提出的根系觅食模型中，假设 N_i 是当前的种群大小，如果根尖分解，则 N_i 将增加 1；如果根部死亡，N_i 将减少 1，并且在搜索过程中将会有所不同。

此外，较低的生长素浓度表示根尖没有得到足够的营养成分，因此是不活跃的，继续生长的概率较低。一旦生长素浓度低于一定阈值，持续增长的概率将会停滞，这使得相应的根可以从当前的群体中简单地移除。规则如式(6-9)所示。

$$N_i=\begin{cases}N_i+W_i & X_i>\text{T\_Branch}\\ N_i-1 & X_i<\text{T\_Nmority}\end{cases} \tag{6-9}$$

其中，N_i 是种群规模，T_Branch 是分根的阈值，W_i 为分根数量，T_Nmority 为死亡阈值。

6.2　植物根系层级演化交流模式

植物根系层级演化交流模式分为同层级信息交流模式及层级间信息交流模式。

6.2.1　同层级信息交流模式

植物根系之间的同层级交流模式如图 6-1 所示。冯·诺依曼拓扑结构模式的伪代码如图 6-2 所示。

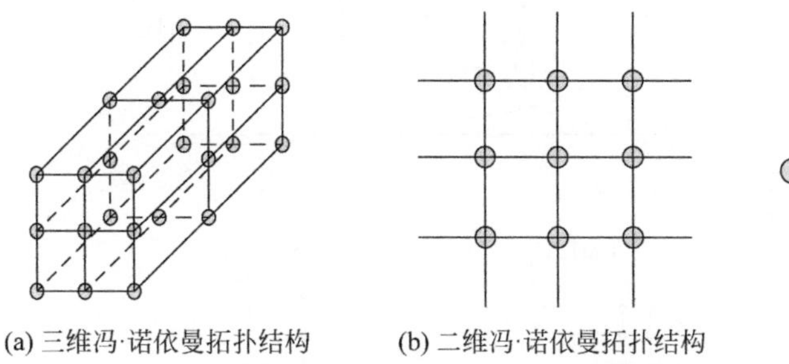

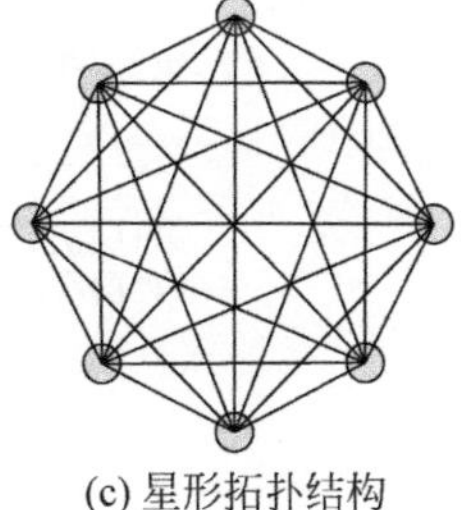

(a) 三维冯·诺依曼拓扑结构　(b) 二维冯·诺依曼拓扑结构　(c) 星形拓扑结构

图 6-1　同层级交流模式

6.2.2　层级间信息交流模式

植物根系协作演化是植物根系进化的常见现象。证据表明，在确定种群动态和空间拓扑结构方面，低层级的根与根之间的交流起着重要作用。随着环境压力的逐渐加大，主根不断自我生长、分支和进化，同时又成为不同根系群落的一部分。因此通过将复杂问题分解成并行优化的简单任务，结合了这种层级间信息交流模式来提高算法效率，如图 6-3 所示，平面 *ARFO* 被构造成具有不同拓扑结构的两个级别。

```
von neumann
split population of P roots into M rows and N cols, and P=M * N.
begin
    For i=1: N
        x_i4(i,1)=(i-cols) mod N
        If x_i4(i,1)==0   x_i4(i,1)=N
        x_i4(i,2)=i-1
        If (i-1) mod cols==0   x_i4(i,2)=i-1+cols
        x_i4(i,3)=i+1
        If i mod cols==0
        x_i4(i,3)=i+1-cols
        x_i4(i,4)=(i+cols) mod N
        If x_i4(i,4)==0
        x_i4(i,4)=N
    End
End
```

图 6-2 冯·诺依曼拓扑结构模式的伪代码

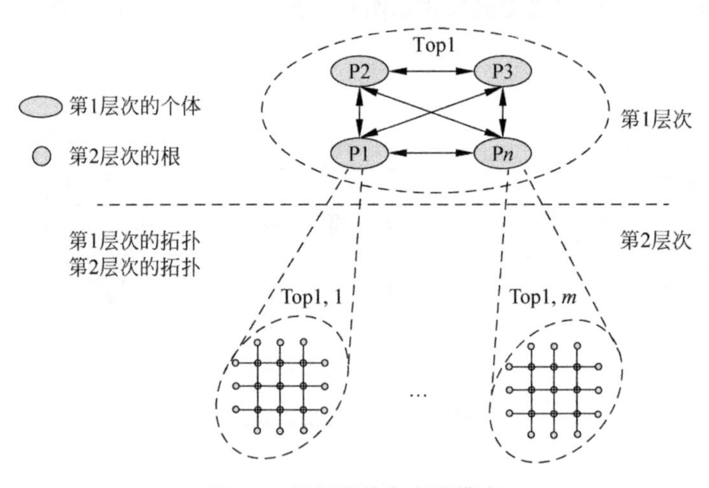

图 6-3 层级间信息交流模式

假设群体规模 $P=\{S_1,S_2,\cdots,S_M\}$，每个群体 $S_k=\{x_1,x_2,\cdots,x_N\}$，第 2 层的新的个体定义如式(6-10)所示。

$$x_i^t=x_i^{t-1}+l_1\cdot \text{rand}_1\cdot(x_{i\text{best}}^{t-1}-x_i^{t-1})+l_2\cdot \text{rand}_2\cdot(x_{p\text{best}}^{t-1}-x_i^{t-1}) \tag{6-10}$$

其中，$x_{i\text{best}}^{t-1}$ 为第 2 层次中的最好个体，$x_{p\text{best}}^{t-1}$ 为第 1 层次中的最好个体，l_1、l_2 为随机系

数，$rand_1$ 和 $rand_2$ 分别是[0,1]中均匀分布的随机数。

6.3 植物根系自适应生长层级演化算法

将层级演化交流模式与植物根系优化算法相结合，即引入同层级（根-根）信息交流模式和层级间信息交流模式，提出一种新型算法——植物根系自适应生长层级演化算法，该算法能够通过特定拓扑结构来调节每个根的生长轨迹。此外，层级根系演变以二级局部最优值和一级全局最优值为指导，可以丰富根系的个体多样性。HARFO 算法的主要步骤伪代码如图 6-4 所示。

```
初始化
    初始化 M 个根种群，每个种群由 N 个个体组成，并设置最大迭代次数 maxT
--------------------------------------------------------------------
    设置 t=0
    计算所有种群的生长素浓度值
while（不满足终端条件）
    根据生长素浓度将每个种群分为主根组和侧根组
    对每个个体 Pi
    构造冯·诺依曼拓扑结构
--------------------------------------------------------------------
      对每个主根种群
        计算再生算子
        评估更新主根的生长素浓度值，并应用贪心算法选择
        如果满足分支条件，则继续；否则进入侧根循环
        计算分支数，并分支出新根
        调整根茎规模
        循环遍历每个主根尖端
        结束
--------------------------------------------------------------------
      对于每个侧根组
        计算侧根再生算子
        运用贪心算法选择评估更新侧根的生长素浓度值
        调整相应的营养浓度值
      循环遍历每个侧根的根尖
      结束
--------------------------------------------------------------------
      根据生长素浓度值从每个种群中剔除死亡个体
      循环遍历每个种群
--------------------------------------------------------------------
    t=t+1
end while
输出最优值
结束
```

图 6-4 HARFO 算法的主要步骤伪代码

6.4 HARFO 算法性能测试

为了全面测试 HARFO 算法性能，选择了基本测试函数，进行了参数设置，并将测量结果进行了分析和比较。

为了验证算法 HARFO 的有效性，本章采用 10 个标准测试函数 f_1(sphere 函数)、f_2(rosenbrock 函数)、f_3(rastrigrin 函数)、f_4(schwefel 函数)、f_5(griewank 函数)、f_6(shifted sphere 函数)、f_7(shifted rosenbrock 函数)、f_8(shifted schwefel problem 函数)、f_9(shifted rotated griewank 函数)、f_{10}(shifted rastrigrin 函数)对其性能进行测试，前 5 个函数是 CEC05 基本测试函数，后 5 个函数则是基于基本测试函数的复杂旋转与漂移问题函数。在生物启发式计算领域，此类函数经常被运用于比较解的质量和收敛情况。

为了进行性能比较，本节将所提出的 HARFO 算法与四个经典进化算法，包括粒子群优化(PSO)算法、植物根系优化(ARFO)算法、遗传算法(GA)和人工蜂群(ABC)算法进行比较。在实验中，所有算法的最大函数评估次数是相同的，对于所有测试函数来说，都设定为 1 000 000，每个算法独立运行 30 次，PSO、ARFO、GA、ABC 的种群规模均设为 20。测试函数参数如表 6-1 所示。

表 6-1 测试函数参数

函数	维数	初始范围	x	$f(x)$
f_1	20	$[-100,100]D$	$[0,0,\cdots,0]$	0
f_2	20	$[-30,30]D$	$[1,1,\cdots,1]$	0
f_3	20	$[-5.12,5.12]D$	$[0,0,\cdots,0]$	0
f_4	20	$[-500,500]D$	$[420.9867,\cdots,420.9867]$	0
f_5	20	$[-600,600]D$	$[0,0,\cdots,0]$	0
f_6	20	$[-100,100]D$	$[0,0,\cdots,0]$	-450
f_7	20	$[-100,100]D$	$[0,0,\cdots,0]$	390
f_8	20	$[-100,100]D$	$[0,0,\cdots,0]$	-450
f_9	20	No bounds	$[0,0,\cdots,0]$	-180
f_{10}	20	$[-5,5]D$	$[0,0,\cdots,0]$	-330

本节使用标准二进制编码的遗传算法用于比较。单点交叉操作的比率为 0.8，变异率为 0.01，选择方法为随机均衡抽样技术，每代间隔为 0.9。在 PSO 算法中，设定衰

减惯性权重 ω 从 0.9 开始，以 0.4 结束；认知因子和社会因子都设为 2.0。在 ABC 算法中，限制设置为 SN × D，其中 D 是种群的维度，SN 是种群总体大小的一半。HARFO 算法和 ARFO 算法的参数设置如表 6-2 所示。

表 6-2 HARFO 算法和 ARFO 算法的参数设置

HARFO 算法		ARFO 算法	
参数	设定数值	参数	设定数值
初始种群数量	20	初始种群数量	4
最大种群数量	100	最大种群数量	8
		最大个体数量 population	50
T_Branch	10	BranchG	10
T_Nmority	5	Nmority	5
S_{max}	4	S_{max}	4
S_{min}	1	S_{min}	1

本节在 30 维测试函数上比较 HARFO、PSO、ARFO、GA、ABC 算法的性能，从而深入分析所提出的 HARFO 算法的性能。对于不同种群规模，HARFO 算法测试收敛曲线如图 6-5 所示。

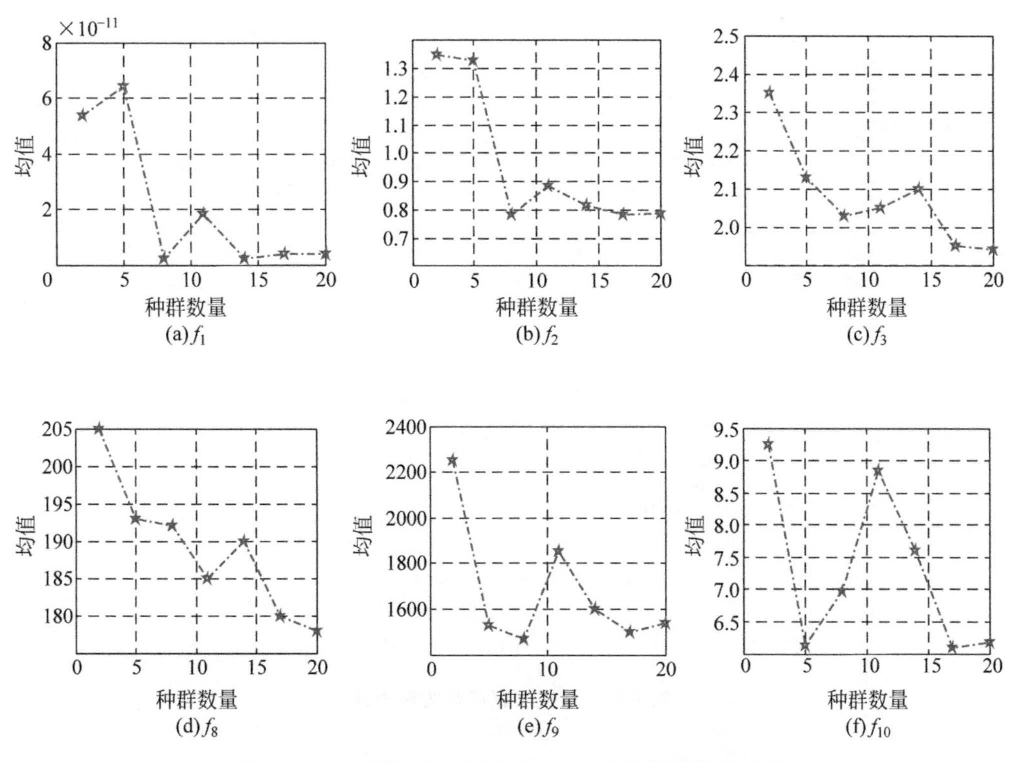

图 6-5 对于不同种群规模，HARFO 算法测试收敛曲线

30 维测试函数收敛曲线如图 6-6 所示，可以得到结论，HARFO 算法的收敛速度和收敛精度较高，与其他成熟的智能优化算法相比，HARFO 算法具有更高的优化效

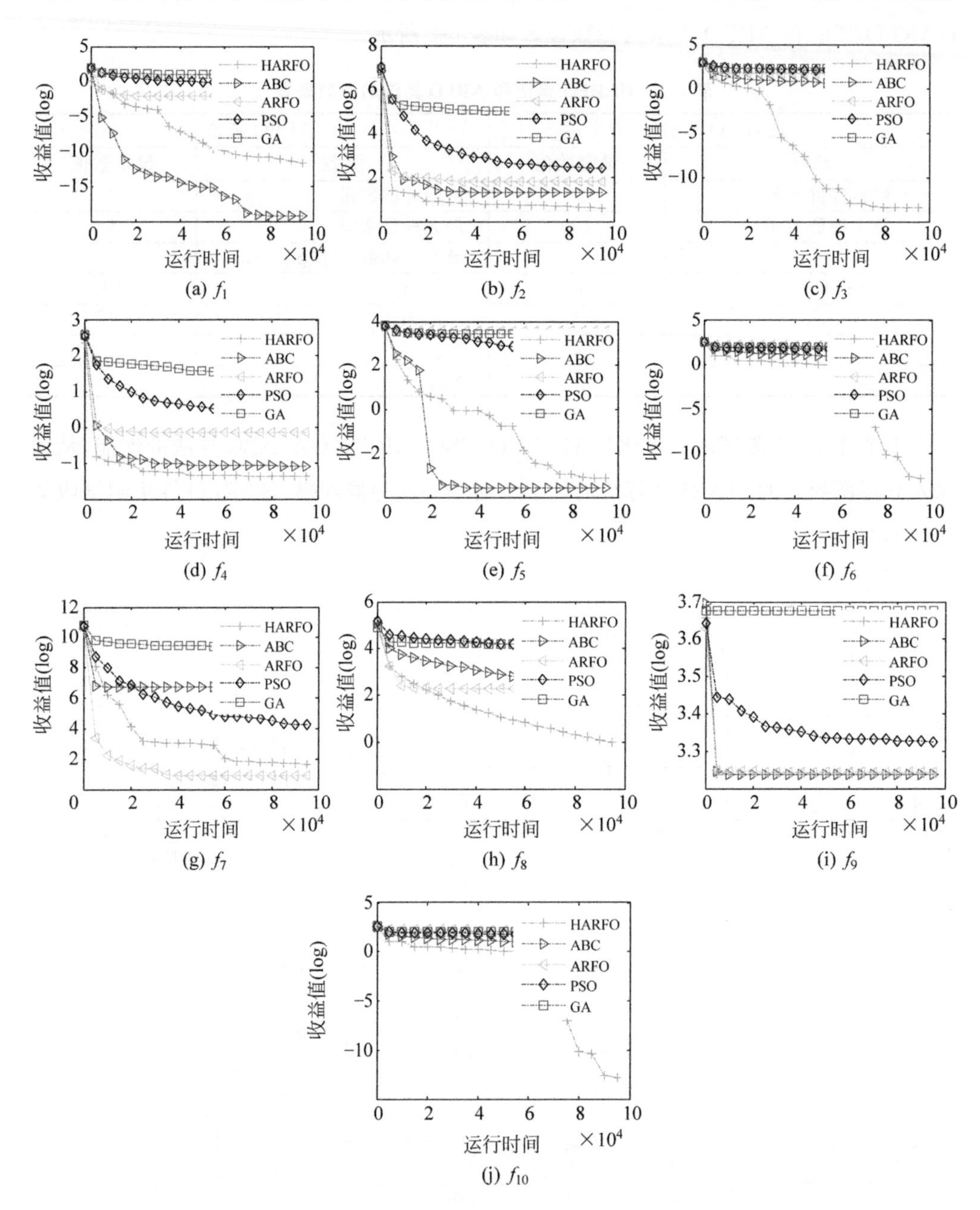

图 6-6 30 维测试函数收敛曲线

率。从仿真结果可知,HARFO 算法具有求解复杂实际工程优化问题的潜力。

6.5 本章小结

本章在对植物根系自适应生长与最优觅食这种典型生物个体行为进行深入研究的基础上,建立了基于根系生长的智能计算模型——混合人工植物根系自适应生长优化模型。该模型是一种全新的模拟植物个体行为的生物启发式计算模型。通过对植物根系自适应生长优化模型的实例化,设计了面向全局优化问题的植物根系自适应生长优化算法。在仿真实验中,实现了基于植物根系生长优化模型的虚拟植物根系觅食行为在计算上的仿真。在函数测试实验中,与 4 种成熟的智能优化算法比较分析,验证了本章提出的 HARFO 算法具有良好的收敛精度和收敛速度,为求解实际工程应用中的高维复杂连续优化问题提供了新思路。

参考文献

[1] Dasgupta D,Ji Z,Gnnzale F. Artificial Immune System (AIS) Research in the Last Five Years [J]. Evolutionary Computation,2003,16(3): 123-130.

[2] Zhang H,Zhu Y L,Zou W P,et al. A Hybrid Multi-objective Artificial Bee Colony Algorithm for Burdening Optimization of Copper Strip Production[J]. Applied Mathematical Modelling, 2012,36(6): 2578-2591.

[3] Chen H N,Zhu Y L,Hu K Y. Discrete and Continuous Optimization Based on Multi-swarm Coevolution[J]. Natural Computing,2010,9(3): 659-682.

[4] Sarasiri N, Suthamno K, Sujitjorn S. Bacterial Foraging-Tabu Search Metaheuristics for Identification of Nonlinear Friction Model[J]. Journal of Applied Mathematics,2012,(2012): 1-23.

[5] Marinakis Y,Marinaki M. A Hybrid Multi-swarm Particle Swarm Optimization Algorithm for the Probabilistic Traveling Salesman Problem[J]. Computers & Operations Research,2010, 37(3): 432-442.

[6] Chen H N,Zhu Y L,Hu K Y. Discrete and Continuous Optimization Based on Multi-swarm Coevolution[J]. Natural Computing,2010,9(3): 659-682.

[7] Cooren Y,Clerc M,Siarry P,et al. An Adaptive Multiobjective Particle Swarm Optimization Algorithm[J]. Computational Optimization and Applications,2011,49(2): 379-400.

[8] Liu Y,Wang G,Chen H,et al. An Improved Particle Swarm Optimization for Feature Selection [J]. Journal of Bionic Engineering,2011,8(2): 191-200.

[9] Melo V V,Carosio G L C. Evaluating Differential Evolution with Penalty Function to Solve Constrained Engineering Problems[J]. Expert Systems with Applications, 2012, 39(9): 7860-7863.

[10] Curkovic P,Jerbic B. Honey-bees Optimization Algorithm Applied to Path Planning Problem [J]. International Journal of Simulation Model,2007,6(3): 154-165.

[11] Janson S,Merkle D. A Decentralization Approach for Swarm Intelligence Algorithms in Networks Applied to Multi-swarm PSO[J]. International Journal of Intelligent Computing and Cybernetics,2008,1(1): 25-45.

[12] Niu B,Zhu Y L,He X X. A Multi-swarm Optimizer Based on Fuzzy Modeling Approach for Dynamic Systems Processing[J]. Journal of Neurocomputing,2008(1): 1436-1448.

[13] Roy S,Islam S M,Das S,et al. Multimodal Optimization by Artificial Weed Colonies Enhanced with Localized Group Search Optimizers[J]. Applied Soft Computing,2012,13(1): 27-46.

[14] Rajinder K,Akshay G,Surbhi G. Color Image Quantization based on Bacteria Foraging Optimization[J]. International Journal of Computer Applications,2011,25(7): 33-42.

[15] Kapoor C, Bajaj H, Kaur N. Integration of Bacteria Foraging Optimization and Case Base Reasoning for Ground [J]. Water Possibility Detection, 2012, 2(4): 30-35.

[16] Ratnaweera A, Halgamuge S K, Watson H C. Self-Organizing Hierarchical Particle Swarm Optimizer with Time-Varying Acceleration Coefficients [J]. IEEE Trans on Evolutionary Computation, 2004, 8(3): 240-255.

[17] Karaboga D, Basturk B. On the Performance of Artificial Bee Colony (ABC) Algorithm[J]. Applied Soft Computing, 2008, 8 (1): 687-697.

[18] Passino K M. Biomimicry of Bacterial Foraging for Distributed Optimization and Control[J]. IEEE Control System Magazine, 2002, 6: 52-67.

[19] Sharma T K, Pant M, Singh V P. Adaptive Bee Colony in an Artificial Bee Colony for Solving Engineering Design Problems[J]. Advances in Computational Mathematics and its Applications (ACMA), 2012, 1(4): 2167-6356.

[20] Rini D P, Shamsuddin S M, Yuhaniz S S. Particle Swarm Optimization Technique, System and Challenges[J]. International Journal of Computer Applications, 2012, 14(1): 19-27.

[21] Xia C J, Geng Z. A New Multi-swarms Competitive Particle Swarm Optimization Algorithm [J]. Advances in Information Technology and Industry Applications, 2012, 136: 133-140.

[22] Rajinikanth V, Latha K. Internal Model Control-proportional Integral Derivative Controller Tuning for First Order Plus Time Delayed Unstable Systems Using Bacterial Foraging Algorithm[J]. Scientific Research and Essays, 2012, 7(40): 3406-3420.

[23] Yin J, Wang Y, Hu J. Free Search with Adaptive Differential Evolution Exploitation and Quantum-Inspired Exploration [J]. Journal of Network and Computer Applications, 2011, 35(3): 1035-1051.

[24] Marykwas D L, Berg H C. A Mutational Analysis of the Interaction Between Flig and Flim, Two Components of the Flagellar Motor of Escherichia Coli[J]. Journal of Bacteriology, 1996, 178: 1289-1294.

[25] Koch A L. Microbial Physiology and Ecology of Slow Growth[J]. Microbiology & Molecular Biology Reviews, 1997, 61: 305-318.

[26] Gong Y, Shen M, Zhang J, et al. Optimizing RFID Network Planning by Using a Particle Swarm Optimization Algorithm With Redundant Reader Elimination [J]. Industrial Informatics, IEEE Transactions on, 2012, 8(4): 900-912.

[27] McNickle, Gordon G, Clair S, et al. Focusing the Metaphor: Plant Root Foraging Behavior[J]. Trends in Ecology & Evolution, 2009, 24(8): 419-426.

[28] Kumar K S, Jayabarathi T. Power System Reconfiguration and Loss Minimization for an Distribution Systems using Bacterial Foraging Optimization Algorithm [J]. International Journal of Electrical Power & Energy Systems, 2012, 36(1): 13-17.

[29] Karaboga D, Basturk B. On the Performance of Artificial Bee Colony (ABC) Algorithm[J]. Applied Soft Computing, 2008, 8(1): 687-697.

[30] Kaur L, Joshi M P. Analysis of Chemotaxis in Bacterial Foraging Optimization Algorithm[J]. International Journal of Computer Applications, 2012, 46(4): 18-23.

[31] Gupta S, Sharma V, Mohan N, et al. Color Reduction in RGB based on Bacteria Foraging

Optimization[J]. International Conference on Computer and Communication Technologies, 2010,23: 174-177.

[32] Iacca G,Caraffini F,Neri F. Compact Differential Evolution Light: High Performance Despite Limited Memory Requirement and Modest Computational Overhead[J]. Journal of Computer Science and Technology,2008,27(5): 1056-1076.

[33] Falik O,Reides P,Gersani M,et al. Root Navigation by Self-inhibition[J]. Plant,Cell and Environment,2005,28: 562-569.

[34] Rubio G,Walk T C,Ge Z,et al. Root Gravitropism and Below-ground Competition among Neighbouring Plants: a Modelling Approach[J]. Annals of Botany,2002,88: 929-940.

[35] Leitner D,Klepsch S,Bodner G,et al. A Dynamic Root System Growth Model Based on L-Systems Tropisms and Coupling to Nutrient Uptake from Soil[J]. Plant and Soil,2020,332: 177-192.

[36] Dupuy L,Gregory P J,Bengough A G. Root Growth Models: Towards a New Generation of Continuous Approaches[J]. Journal of Experimental Botany,2010,61(8): 2131-2143.

[37] Banks A,Vincent J,Phalp K. Natural Strategies for Search[J]. Natural Computing,2009(8): 547-570.

[38] Leyser O. Dynamic Integration of Auxin Transport and Signalling[J]. Current Biology,2006, 16(11): 424-433.

[39] Laskowski M,Biller S,Stanley K,et al. Expression Profiling of Auxin-treated Arabidopsis Roots: Toward a Molecular Analysis of Lateral Root Emergence[J]. Plant Cell Physiology, 2006,47: 788-792.

[40] El-Abd M. Performance Assessment of Foraging Algorithms vs. Evolutionary Algorithms[J]. Information Sciences,2012,182(1): 243-263.

[41] Biswas A,Dasgupta S,Das S,et al. Synergy of PSO and Bacterial Foraging Optimization-A Comparative Study on Numerical Benchmarks[J]. In Proceedings of Innovations in Hybrid Intelligent Systems,2008: 255-263.

[42] Simon D. Biogeography-based Optimization [J]. IEEE Transactions on Evolutionary Computation,2008,12(6): 702-713.

[43] Zhun Y L,He X X,Hu K Y,et al. Information Entropy based Interaction Model and Optimization Method for Swarm Intelligence[J]. Transactions of the Institute of Measurement and Control,2009,31(6): 461-474.

[44] Liu Y,Liu J F,Tian L W,et al. Hybrid Artificial Root Foraging Optimizer Based Multilevel Threshold for Image Segmentation[J]. Computational Intelligence and Neuroscience,2017(9): 1-16.

[45] Liu Y,Liu J F,Tian L W,et al. Artificial Root Foraging Optimizer Algorithm with Hybrid Strategies,Saudi Journal of Biological Sciences,2017,24(2): 268-275.

[46] Liu Y. Optimal Segmentation of Brain MRI Using Bio-inspired Approaches[J]. Indian Journal of Pharmaceutical Sciences,2019,81(1): 17-18.

[47] Liu Y. Hybrid Artificial Root Foraging Approaches for Medical Image Segmentation[J]. Indian Journal of Pharmaceutical Sciences,2019,81(1): 15-16.

[48] Liu Y,Hu K Y,Tian L W,et al. Medical Image Segmentation Using Bio-inspired Approaches [J]. Journal of Investigative Medicine,2014,64(1): 165.

[49] Liu Y,Tian L W,Hu K Y,et al. Computational Foraging in Bacterial Colony over Composition Environments[J]. Journal of Pure and Applied Microbiology,2013,7(2): 1299-1305.

[50] Liu Y,Hu K Y,Zhu Y L,et al. Image Segmentation Using Artificial Intelligence Approaches [J]. Electronics World,2013,119(1931): 38-41.

[51] Tian L W, Liu Y. A Simulation Model for Symbiotic Multi-species Coevolution in a Community Context[J]. Journal of Investigative Medicine,2013,62(1): 164.

[52] Liu Y,Tian L W,Hu K Y,et al. An Improved Clustering Method to Evaluate Teaching Based on ABC-FCM[J]. World Transactions on Engineering and Technology Education,2013,11(2): 64-69.

[53] Liu Y,Tian L W,Fan L A. The Hybrid Bacterial Foraging Algorithm based on Many-objective Optimizer[J]. Saudi Journal of Biological Sciences,2020,27(12): 3743-3752.

图书资源支持

感谢您一直以来对清华大学出版社图书的支持和爱护。为了配合本书的使用，本书提供配套的资源，有需求的读者请扫描下方的“书圈”微信公众号二维码，在图书专区下载，也可以拨打电话或发送电子邮件咨询。

如果您在使用本书的过程中遇到了什么问题，或者有相关图书出版计划，也请您发邮件告诉我们，以便我们更好地为您服务。

我们的联系方式：

地　　址：北京市海淀区双清路学研大厦 A 座 714

邮　　编：100084

电　　话：010-83470236　010-83470237

资源下载：http://www.tup.com.cn

客服邮箱：tupjsj@vip.163.com

QQ：2301891038（请写明您的单位和姓名）

教学资源・教学样书・新书信息

人工智能科学与技术
人工智能|电子通信|自动控制

资料下载・样书申请

书圈

用微信扫一扫右边的二维码，即可关注清华大学出版社公众号。